小桃学姐 著

不要在想象的爱里沉沦

Carpe Diem

江苏凤凰文艺出版社
JIANGSU PHOENIX LITERATURE AND ART PUBLISHING

图书在版编目（CIP）数据

不要在想象的爱里沉沦 / 小桃学姐著 . — 南京：江苏凤凰文艺出版社，2024.6
ISBN 978-7-5594-8584-7

Ⅰ.①不… Ⅱ.①小… Ⅲ.①成功心理 – 通俗读物 Ⅳ.① B848.4–49

中国国家版本馆 CIP 数据核字（2024）第 071294 号

不要在想象的爱里沉沦

小桃学姐 著

责任编辑	项雷达
特约编辑	周子琦　杨晓丹
装帧设计	卷帙设计
责任印制	杨　丹
出版发行	江苏凤凰文艺出版社
	南京市中央路 165 号，邮编：210009
网　　址	http://www.jswenyi.com
印　　刷	天津鑫旭阳印刷有限公司
开　　本	880 毫米 × 1230 毫米　1/32
印　　张	9.25
字　　数	151 千字
版　　次	2024 年 6 月第 1 版
印　　次	2024 年 6 月第 1 次印刷
书　　号	ISBN 978-7-5594-8584-7
定　　价	45.00 元

江苏凤凰文艺版图书凡印刷、装订错误，可向出版社调换，联系电话 025-83280257

春

和"具体"的人相爱，
不要在想象的爱里沉沦。
——001

BU YAO ZAI XIANG XIANG DE AI LI CHEN LUN

夏

相爱时用足了真心，离别时就会最
先得到救赎。因为付出最多的人，
故事的最后也会最早释怀。
——075

BU YAO ZAI XIANG XIANG DE AI LI CHEN LUN

CONTENTS

秋

我们决定不了谁的去留，
但能主宰属于自己的人生。
—149

BU YAO ZAI XIANG XIANG DE AI LI CHEN LUN

冬

愿你拥有大胆去爱的勇气，
也永远不缺转身离去的底气。
—223

BU YAO ZAI XIANG XIANG DE AI LI CHEN LUN

愿你拥有
大胆去爱的勇气
也永远不缺
转身离去的底气

和"具体"
的人相爱,
不要在
想象的爱里沉沦。

SPRING

春

关掉手机吧,去和你爱的人在一起,去看、去观察、去感受,去接受"你爱的人并不完美"这个事实,然后去和"具体"的人相爱,而不是在想象的爱里沉沦。

BU YAO ZAI XIANG XIANG DE AI LI CHEN LUN

放松点，恋爱不是考试

很多人在一段恋爱里会出现阶段性的，类似"抑郁情绪"的感受。

他们通常不自信，总觉得自己做得不够好，并把在恋爱关系中出现的问题都归咎于自身，自我怀疑，患得患失。而这种情绪在失恋后往往会到达高潮，他们不断地反思自己，偏执地认为是因为自己不够好才会导致这段关系的消亡……

当出现这样的感受时，记得问自己一个问题：我真的爱我自己吗？

过分地去怀疑自己、检讨自己，其实是把自己放在了一个"被挑选"的位置上，好像只有表现得足够完美，才会被你爱的那个人选中，才有资格得到爱。

这个时候的你仿佛是一个拼命想得到父母和老师认可的孩子，而通过这样的方式得到的每一次温柔、每一句称赞也都成了你最值得炫耀的"战利品"。

可这并不是一段"健康"的恋爱,成年人的爱情不该是一个缺爱者通过苦苦挣扎换回的那一点"施舍",也不是用一个完美的想象去苛待自己,以自由和快乐为代价来讨好一个并不是那么了解你的人。健康恋爱的前提是,我可以把自己最真实、最完整的样子坦荡地展露在你面前,也许这个"我"不完美,甚至有时还有点令人讨厌,但这就是最真实的我。如果你不能接受也没关系,你永远来去自由。

其实,拥有一个人没什么可值得炫耀的,遇到一个能让你做自己的人才最难得。

请记住,恋爱或结婚都不是人生的必修课,幸福才是。

好的爱人,得先是好的朋友

可能有些人会觉得,动了心的人是当不了朋友的。

他们认为,对真正喜欢的人就是要一见钟情,然后不可自拔地坠入爱河。但其实,只要稍微多一些情感经历后就会明白,对成年人来说,"一见钟情"是一件成本极高、风险极大的事。

那种从"朋友"开始的恋爱,往往能在关系初期给人更充分的时间和空间去冷静观察彼此之间的差异，去理智看待对方身上的闪光点和不足，去思考对方是否适合自己。而不是仅凭荷尔蒙作用下的一时上头便轰轰烈烈地开始，然后潦草无声地结束。

我一直觉得，好的爱人一定得先能成为好的朋友。

在一段好的恋爱关系中，真正的亲密并不只是牵手、拥抱、接吻这些肢体接触，而是可以一起投入地看一场电影，然后津津有味地讨论那些耐人寻味的剧情；是一起逛超市、买食材，回家后把厨房搞得一团乱，只做出两道菜却仍然乐在其中的享受；是那些只有我们两个人才知道的小秘密，更是我们彼此不约而同对视时，那一瞬间心照不宣的默契。

所以当你下次心动时，不妨先和对方试着做几个月的朋友吧。

永远不要担心以朋友的身份互相了解会让你错过对方，因为真正相爱的人，迟早都会在一起。

不要在想象的爱里沉沦

为什么说要去爱一个"具体"的人呢？

很多在恋爱上屡屡不顺的人都会有一个问题，那就是把爱情过于"理想化",这可能和从小到大接触到的爱情题材的文学作品,以及影视作品有关。那些红遍大江南北的爱情故事里,所有的男性大都是无微不至的、情深细腻的、无所不能的,而所有的女性大都是柔弱懵懂的、贤惠顺从的、充满慈悲情怀和拯救精神的。

但事实上,人不活在纸面上,也不活在屏幕中,而是真实生活在地面上的。我们必须承认,一个人的生活姿态是由环境和历史决定的,这个世界上没有任何模板可以限制一个人该如何存在,每一个人都有权利成为自己想要成为的样子。

而爱一个人,不该是像捏泥人一样去要求对方成为自己理想中的样子,而应该允许他们用自己独有的方式去爱、去表达、去成长。由"爱"而引申出的众多概念里,一定有"包容",有"接纳",有"认可"。

关掉手机吧,去和你爱的人在一起,去看、去观察、去感受,去接受"你爱的人并不完美"这个事实,然后去和"具体"的人相爱,而不是在想象的爱里沉沦。

"闲聊"即"暧昧"

为什么说不要轻易和一个异性长时间、高频次地聊天？

所谓的"闲聊"，是区别于抱有特定目的而发起对话的一种聊天模式。它更像是一种漫无目的的精神沟通，或是彼此生活轨迹的联系共享——正在干什么、今天吃了什么、遇到了哪些开心或者难过的事、去了哪里……

彼此分享生活本身就是一件非常私密又暧昧的事，所以长时间频繁地"闲聊"很容易让人产生类似"恋爱"的错觉。这种错觉的影响是双向的，不仅会让你对对方产生精神依赖，对方也是如此。即便在你眼里对方仅仅只是一个"朋友"，可一旦有一天当你发现对方突然不回消息，或者回消息的速度明显变慢时，你一定会开始胡思乱想、患得患失、自我怀疑。

分享欲是有惯性的，当你一旦开始和某个人分享自己那些鸡毛蒜皮的琐碎日常，其实就宣告了这段关系于你而言的特殊性。而一个人的分享欲在哪里，通常"爱"就在哪里。

所以，当你发现自己已经习惯了经常和某个异性去分享生活的时候，不妨先问问自己——

我要去爱这个人吗？我可以去爱这个人吗？我做好准备为这段关系负责了吗？

然后再做决定，也不迟。

恋爱不是青春的必需品

提到"青春"，大部分人的脑海里都会自动匹配"遗憾""初恋""心动"这类词语，电影院里上映的青春题材的影片也大多是围绕男女主的感情线来展开。

但……我们一定要用悸动，才能证明青春存在过吗？

没有悸动的青春，会不会"更胜一筹"呢？

其实有许多人在学生时代还十分懵懂，我是如此，我身边很多朋友也是如此。

有的人会感慨，没悸动过的青春不会遗憾吗？这个问题的答案是：其实青春不管怎么过，都会有遗憾。

因为现实是，学生时代的悸动往往面临着更多的考验和不确定性，那时的我们也许还不懂该怎样去爱一个人，也许还不具备爱一个人的能力，不具备为一段感情、为一个人负责任的能力。那些懵懂青春里的悸动，大多都会以遗憾收场，只有极少一部分能通过现实的重重考验，从校服走到婚纱。

所以你看，没有故事的青春也许恰好帮你"躲过一劫"。青春没有"模板"，青春的意义不一定是去爱一个人，也可以是孤军奋战，然后成为更好的自己。

还有什么比结果更重要呢？

我一直觉得在一段恋爱里，衡量两个人合不合适、够不够相爱的唯一标准就是看两个人最后能不能结婚，能不能携手终老。

在这个纷繁复杂的世界里，我们穷尽一生苦苦追求的终极理想到底是什么？钱还是权力？一个在舞台上再闪闪发光的角色，走下舞台、卸下包装以后也仍是一个需要爱与被爱的、鲜活的人。所以比财富和职位陪伴你更长久的，是至亲，是爱人，也是一个需要你也能温暖你的家。而我们这一生无论历经多少坎坷，到最后都会因为能和爱的人共度一生而心存感激，这不就是爱情的终极理想吗？

鸡毛蒜皮，平淡一生，从心动到白头。所以你如果真的爱一个人，那一定是想结婚，和对方一起生活的，无论男女，没有例外。因为爱，所以我们愿意全力以赴，即便看到了对方的不完美，也愿意相信对方会全力以赴。

对年轻的恋人们来说，要走到结婚，确实一路上会面临很多考验。

虽然爱不一定能赢万难，但相信我，相爱一定能。

你怀念的，真的是他吗？

当一个人处在刚刚分手的状态里，受"戒断反应"影响时，脑海里会不断重现两个人曾经在一起的画面。

这种不由自主的回忆行为很容易让人产生一种错觉，认为自己还是爱对方的。

能熬过这个阶段的人，才会真的将这份感情翻篇；但熬不过这个阶段的人，就会频频回头甚至去纠缠、去挽回。

如果你是那个准备回头的人，在这之前可以试着问自己一个问题：我怀念的，真的是这个人吗？还是仅仅在怀念那种有个人陪着聊天、陪着吃喝玩乐的满足感呢？

其实，绝大多数人是分不清这两者的，因为任何人终止一段关系的时候都会感到不同程度的"痛"。这种"痛"来自你的潜意识认为你正在"失去"一部分你原有的东西，这种"痛"会驱使人产生怀念、不舍、犹豫等情绪，而忽略了"这段关系为什么会结束"这些更为理智和深刻的问题。

如果仅仅是想要快乐，想要有人陪伴，那这个世界上很多人都可以为你做到；可如果你想要的是三观相似、兴趣相投、尊重你、理解你、和你一样真诚对待感情的人，就不要被一时的"失去感"支配，在错误的道路上越走越远。

快乐的形式有很多种，但和适合你的人在一起，才是其中最圆满的一种。

表达欲永远是恋爱的加分项

其实无论是交朋友还是谈恋爱，我都建议大家尽可能地去和那些有表达欲、喜欢分享的人做朋友。因为如果一个人总能发现生活中有趣的事物，并愿意花时间去记录，然后手舞足蹈地和你分享，那这样的人往往有一个非常丰富的内心世界，而且很有同理心。

其实,"表达欲"和"分享欲"并不是一定要靠滔滔不绝的语言去表现,性格内向的人也会有强烈的分享欲。因为分享欲的本质并不是"话多",而是在面对这个世界时温柔而坦荡的态度;是始终带着善意的目光去爱这个世界;是愿意大大方方让爱的人走近自己的生活;是主动去体察四季空气的温度,去感受一草一木的呼吸,去共情身边之人的情绪。

但分享欲强的人难免有时会"碰壁",因为不是所有人都能接住你的分享欲,也不是所有人都能读懂你独一无二的内心世界。但即便这样,有趣的你也不要灰心,因为表达欲和分享欲的存在本身就不是为了讨好任何人,也不是为了被任何人称赞。分享和表达是我们热爱这个世界的方式,是我们热爱自己生活的方式,也是我们拥抱自己美好生活的方式。

而"分享"和"表达"的潜台词,就是"爱"。

如何判断他喜不喜欢你?

当我们喜欢上一个人的时候,通常就会想知道对方对自己是什么样的感觉,以此来判断表白的成功率。

但我一直坚信，一个正在被爱的人，是不需要刻意地去寻找被爱的证据的。换句话说，如果一个人爱你，就一定能让你感受到；如果一个人不爱你，你就会猜不透他的想法。感受不到的爱，就可以当作不存在。

当我们感受不到爱和回应的时候，千万不要替对方找借口——他是不是慢热？他是不是还在考验我？他是不是只是不会表达……

爱是发自本能的一种力量，盲目的幻想只会增加自己不被珍惜的概率而已。当你真心爱一个人的时候，你会发现自己的很多行为和表现都是不受控制的——忍不住关注他，不由自主地想到他、想知道他在做什么，看到他难过或者遇到困难时想去帮助他、安慰他，而你的情绪也会随着他的情绪变化而变化……这些反应都是出自本能的，不分性别。

所以，一个爱你的人是不可能把这些反应和情绪隐藏得滴水不漏的。比起绞尽脑汁去猜一个人的心里到底有没有你，不如直接一点，和那个同样热烈、同样珍惜，也同样不愿错过你的人在一起吧。

遇见更好的自己

一直不谈恋爱，就能等到更好的人吗？不能。但你一定会遇到更好的自己。

我一直很欣赏那些可以保持两三年甚至更长时间单身状态的人，这样的人一定是对自己有较高要求的。大家千万不要觉得长期单身是因为"找不到对象""缺乏魅力"或者是"性格不好"，这些都是非常狭隘且消极的认知。其实，只要稍微留心观察一下这个世界，你就会发现"能否找到一个恋爱对象"并不是衡量一个人人品和魅力的标准。很多时候，即便是你眼中非常无聊又糟糕的一个人，也能成家立业，但这段婚姻关系的质量高低，那就是另外一个话题了。

所以如果你把恋爱和婚姻当作一项工作目标，那这就会成为一件非常容易办到的事情。但你如果在这个目标之前加上一些标准和前缀，比如"要谈一段双向奔赴的恋爱""要找到一个善良而温柔的人""要建立一个有安全感的家"，那我们要做的功课可就太多了。

一个很久没有谈恋爱的人，一定是对自己、对亲密关系有一定要求和门槛的。但一直不谈恋爱也不一定就会遇到那个理想中的人，毕竟相爱是要靠一点运气的。但那些拒绝诱惑、努力上进的日子，一定会在某一天，让你遇到那个更好的自己。

不要嘲笑"恋爱脑"

我一直很反感"恋爱脑"这个词，因为它给那些在恋爱里忘我投入的人赋予了太多贬低和戏谑的解读。对于那些在网络上嘲笑"恋爱脑"的人，我心里一直有一个疑问：如果他们在恋爱里遇到了一个全情投入、把恋人的感受看得比自己还重的人，他们是会开心呢，还是嫌弃呢？

在这个"爱自己"才是主流的时代，没有人想成为"恋爱脑"，但没有人会拒绝一个爱自己的"恋爱脑"。我们都想被爱，却总在担心自己给出的爱得不到回应。

所以我从来不会嘲笑身边任何一个"恋爱脑"，因为他们比绝大多数人都勇敢。我们不曾经历过别人的人生，所以永远无法代入他人对爱的感受和需求。每个人对"幸福"的定义都是不同的，有人觉得被爱是一种幸福，有人觉得相爱是一种幸福，也有人固执地认为能为爱的人牺牲自我才算是一种幸福。你在雨林长大，自然不会理解一个来自沙漠的人将水看得比生命都宝贵这件事。

如果你的朋友或者家人因为"恋爱脑"而受到伤害、无法自拔时，不要否定他们，也不要嘲笑他们，去给他们多一点理解和爱吧，因为这才是对他们来说最温暖、最有安全感的东西。

"异地恋"其实没那么难

对两个同样认真、同样坦诚的人来说，"异地恋"真的没有那么难。

"异地恋"就像是一面"照妖镜"，它能以最直接的方式检验出在恋爱中"心怀鬼胎"的人。有人说"异地恋"考验的是"自制力"，但我觉得"异地恋"考验的其实是一个人的"综合能力"，是考验一个人是否真正拥有一个独立而完整的人格。

当你和相爱的人分居两地时，你是否具有独立生活的能力？能否将自己的生活、工作、学习打理得井然有序？你是否具有化解孤独感的能力？是否能做到享受独处而不是急于寻求即刻的陪伴，来填补内心的空虚和寂寞？你能否在不受任何监督和限制的情况下处理好和异性的关系？是否具有处理好矛盾和问题的耐心和勇气？对你来说，恋爱和婚姻的目的到底是找个看得顺眼的人一起吃喝玩乐、红火热闹，还是去坚定地选择一个三观能相合、灵魂能共鸣的人共同努力，一起成为更好的人、创造更好的生活？

所以，"异地恋"难吗？对有的人来说可能会很难，但对于那些独立、清醒、勇敢、真诚的人来说，"异地恋"不过是大浪淘沙，是彼此的"试金石"，而真正的金子，只会永恒地发光。

不要原谅伤害你的那个人

一定要警惕那些你生命中的"坏人"。

不是只有像小偷、诈骗犯这样触犯法律的人才叫坏人，我们这一生中有很大的概率会遇到各种各样的坏人，有的坏人也许只会在你的人生里出现短短一瞬就再无交集，而有的坏人可能就在你的身边。他可能是你最亲密的人，也许是恋人，是朋友，甚至是家人。如果一个人总是"故意"地伤害你，那么他就是你人生中的"坏人"。

很多伤害过你的人是非常清楚自己的行为会对你造成怎样的影响，但他仍然这样做了，那就说明他必须要通过伤害你，从而达成自己的目的。或者说，他已经做好准备去接受伤害你带来的后果，包括失去你。

更残酷的是，往往那个伤害你的人还会打着"为你好"的旗号，在你表现出难过、痛苦的情绪时，他会看起来比你还难过，比你还痛苦。当你试图表达自己的感受时，他会把所有问题和责任都推到你身上，让你以为这一切都是你的错，是你做得还不够好。因为他很清楚自己对你做了什么，所以你不能提，不能掀开那层遮羞布，否则他就会恼羞成怒。

所以永远不要原谅一个故意伤害你的"坏人"。受到伤害的时候，我们要做的不是捂着伤口蹲在原地哭泣，也不是追着那个坏人不停地质问原因，而是冷静而迅速地包扎好伤口，继续往前走，然后告诉自己——

下一次，我绝不会让自己受同样的伤。

去和能跟你一起栽树的人在一起

如果可以选择，你会想在感情里做那个"乘凉"的人，还是那个"栽树"的人？

很多女生在择偶时，会经常说自己想找一个"成熟一点"的男生，但真正能让一个男生成熟的，一定是那个他真心爱过的女生。有句话说"男人至死是少年"，其实每个男生的心里都住着一个"幼稚"的小孩，直到有一天，小孩长大了，遇到了那个他想去保护、想去陪伴一生的人，于是他开始学着大人的样子去努力，去提升自己，去想办法赚很多钱；他开始意识到自己身上的责任，开始学着照顾他人的情绪和感受，想给自己爱的人更多安全感和幸福。

这个过程一定是漫长的、艰辛的、伴随着阵痛的，所以不是所有女生都能等到"少年"长大的那一天，也不是所有女生都愿意陪着"少年"熬过这段岁月。成长这件事本身就是对感情的一种考验，并不是成熟的人才配被爱，那些可以在爱里一起成长、一起变好的恋人，才会走得更踏实、更长久。

"从未在一起"和"最终没能在一起"，哪个更遗憾？

"从未在一起"有时其实是一种幸运。

有过暗恋经历的人应该会懂，当你不由自主地被一个人吸引，为一个人反反复复心动的时候，你会给他加上多层的滤镜。因为距离的存在，所以你永远不会看到他最真实的样子，其中可能包括他不那么可爱的样子、你不喜欢的样子、你不理解也无法接受的样子。因为始终保持着礼貌的社交距离，所以你永远不会和他产生亲密关系间普遍会发生的那些问题，包括冲突、误会、嫉妒、占有、伤害……好像只要一直保持着适当的距离，那个你喜欢的人在你心里就会永远拥有一个完美的人设。

如果你非常喜欢一个人最后却从未在一起，在未来的某个瞬间，你会意犹未尽地想到他，会假设当初的自己要是再勇敢一点，那现在的生活会不会不一样。

但这一切也仅仅是"假设"，"从未在一起"意味着错失了许多幸福的可能，但同时也避开了很多受到伤害的风险。而"最终没能在一起"，意味着我们在这段关系里已经经历了漫长的磨合；我们在冲突和矛盾中袒露了彼此最真实的面目；我们在争吵和伤害中表达了自己那些不为人知的负面情绪，探索着彼此的原则和底线；我们在为了能走下去，而付出如此多的心血和努力后，却还是亲眼看着这段关系分崩离析，像一面被打碎的镜子一样再难重圆。而这种期待和理想被现实活生生碾碎的痛，没有经历过的人很难感同身受。

其实，人生不管怎么选择都会有遗憾。勇敢的人最先享受世界，而谨慎的人更懂得如何保护自己。

所以，请随心所欲地生活吧，但是记得，要永远忠于自己的内心。

"爱"是用不完的

如果谈恋爱总是不顺利，分手的次数越来越多，会不会就没有力气再去爱了？受的伤多了，会不会就不相信爱情了？

我给出的答案是：不会。

如果一个恋爱失败过很多次的人说自己"心态变了""很难心动了"，其实是因为他在经历了这些感情上的坎坷后，反而更清楚自己需要的到底是什么。而他对亲密关系的认识也会更成熟，对情感的需求也会更精准。处在这个阶段里的人，要么不心动，要心动就是大概率找到了那个可以共度一生的伴侣。

真正相信爱情的人，即便单身到八十岁，也还是会相信爱情的。因为"相信爱情"这件事本身不是一种选择，而是一种价值观。人之所以相信爱情，一定是相信人与人之间即便没有血缘关系也可以建立无私的、热烈的、可以信赖的、互为支撑的亲密关系。相信爱情的人见过真正的爱，也有能力、有勇气去爱，他们即便在爱里被伤害、被抛弃，也永远不会质疑爱。因为对他们来说，没有错的爱情，只有错的人和错的时机。

所以不要杞人忧天，大胆地、勇敢地去爱吧！如果你兜兜转转，历经伤害和挫折还能保持初心，不丢失心动的能力和去爱人的勇气，那么请你相信，终有一天你会因自己的坚持和韧性而得到奖励。

暧昧期关系

这里的"暧昧期"是指两个人从"认识"到"确立恋爱关系"的这段时间。在这段时间里，两个人会频繁地发消息、聊天，一到休息日就会约着吃饭、见面，好像彼此都对对方有好感但又从未表达，享受着近似恋爱的幸福感却又时常患得患失，担心对方到底是不是认真的、会不会只是"玩玩"而已……

如果你正处在这样的暧昧关系里，此时又正逢"情人节""七夕"这样的特殊节日，那恭喜你，这是一次检验关系的绝佳机会。一个愿意花时间、花精力在这样的节日里对你"有所表示"的暧昧对象不一定是想和你认真发展，但一个对这样的节日视若无睹，没有任何"表示"，甚至刻意逃避在节日和你见面，忽略你的期待和需求的暧昧对象，一定不是冲着和你认真发展来的。

这个"表示"并非是指送礼物，它包含了一切形式的"表达心意"——可以是约你一起去爬山、看电影或者其他任何需要见面的活动；可以是在下班后为你点了一杯你最喜欢的奶茶；也可以是亲手为你做了一个手工小挂件，让你明白他的用心和真诚。

其实无论是处在"暧昧期"还是"恋爱期"，礼物从来都不是衡量关系和感情浓度的唯一指标。相信每一个在恋爱中期待节日、期待礼物的人，也不是真的为了得到些什么物质层面的东西才会抱有期待。一件礼物的价值从来都不取决于它本身的价格，而是由收到礼物的人决定的。如果收礼物的人感受到了用心和被爱，那这份礼物就是昂贵的、珍稀的、独一无二的。

别和不怕失去你的人在一起

还记得在几年前，我认识了一个男生。

当时我和对方聊了一阵子，有点暧昧。有一次，我不记得是聊到了什么，这个男生突然和我说："你知道吗？我现在已经不害怕失去任何东西了。因为任何人都可以随时离开我，我可能会难过，但我都能接受。"

这段话听着没什么毛病。的确,哪怕是父母,也总会有一天离开我们,而我们的生活也仍然要继续下去。用通俗点的话来讲就是:谁离开谁,都能活。

但当时的我听到这番话后,立马就察觉到了其中"不对劲"的地方——你现在正在和我聊天,尝试接触,而在这个阶段你说这样一段话,那你想达到什么样的目的呢?你是想彰显自己的洒脱和高超的境界吗?是觉得这么说很酷吗?还是想用一副清高的姿态给自己打个预防针,降低未来一旦关系破裂,带给自己的失望和痛楚吗?

通常我们在对一个人有好感的时候会表达"我想一直和你在一起"的意愿,从而来增进关系的良性发展。但如果有人反其道而行之,那么他人格的稳定性以及对待关系的忠诚度是值得被怀疑的。就好像你最近和某个男生走得很近,但这个人却一直用开玩笑的话和你说:"别太相信我,我不是什么好人。"你觉得这正常吗?

而后续果然也和我想的一样。某一天,这个男生在没有和我进行任何沟通和表达的情况下就莫名其妙地"失联"了。

其实,在一段关系里,好听的话你不用都当真,但刺耳的话一定要句句留意，尤其是那些在感情里把"清醒语录"挂在嘴边的人。一个人说他很在意你，他不一定是真的在意；但如果有人和你说"我不怕失去你""我一个人也可以过得很好"这些话时，那他是真的会随时离开。

别拿分手的痛苦来衡量爱意的深浅

分手后的痛是因为曾经深爱过吗？不一定。

你们身边有没有这样的人——交往时，他没倾尽全力，也没觉得他爱得有多死去活来；可等到分手时，反倒搞得轰轰烈烈，又是喝酒又是痛哭，追悼这段感情的时间甚至比这段感情维持的时间还要长。那这样的人，你能说他的痛苦是因为爱得深吗？

也许你会觉得，那万一是他在分手以后幡然醒悟了，突然意识到对方的好，痛恨自己没有珍惜对方呢？或许是吧，但我希望大家明白，任何没有付诸行动的深情都可以忽略不计。一个人如果真的不想失去一段关系，如果真的想弥补，那是一定会有所行动的。可能是道歉，也可能是默默地关照和帮助对方，还可能是去反思自己该如何做出改变……而绝不是一味地放大自己的痛苦，像在完成某种仪式一样长篇大论地哀悼，然后找来一群观众来共情自己的遗憾和深情。

相对应地，如果你是那个在分手后感到痛苦的人，在感受到情绪的当下，你也应该清楚地明白，你会痛苦也许并不是因为你失去的人有多好，而是因为你正在经历着一段关系的破裂，而破裂本身就是有痛感的。所以，你不必因为难以忍受当下的痛苦就想着要不要去挽留，去复合。我们不妨先让情绪被消解，当你的内心归于平静时，再去重新判断，重新做权衡，那你定会豁然开朗。

"再见"不一定要"说再见"

一段恋爱的开始要"清清楚楚"，要表白，要送花，要问你喜欢我哪里，说说你喜欢我什么……但分手却不一定要分得这么清楚。

总有人会说"分手前再见最后一次""就当好好告别了""吃顿散伙饭再分手"这些话，但这种告别的"仪式感"并不适用于所有情况。

因为在现实生活中，"和平分手"其实是小概率事件。绝大多数走到分手的关系都充斥着伤害、抱怨、欺骗和长时间的内耗，两个即将分道扬镳的人能做到不撕破脸、不诋毁、不互相攻击就已经算得上体面了。

所以当你彻底看清一个人的自私、虚伪、薄情、冷漠的真面目时，当你已经在这段关系中无数次地不被理解、不被尊重，在伤害中反复内耗、反复纠结之后终于下定决心放下这段关系，善待自己时，那你又何必再去面对他，和他当面告别，再一次承担受到伤害的风险呢？

如果你真的发自内心打算放弃一个人和一段关系，其实你是不会想再见到他的，因为频频回头只会拖住你向前走的脚步。而如果你并没有放下这个人，仅仅是想利用"说再见"的机会去挽留，那就更没必要了。因为既然能走到分开这一步，那你们之间的问题早就不是多见一次面、多吃一顿饭就能解决、就能改变的。

当然，以上我说的这些也仅仅是建议。就像有的人觉得分手后还可以做朋友，有的人觉得真正相爱过的人是做不了朋友的一样。前者也不是一定没有真心爱过，只是不同的人对亲密关系的认知不同，所以他们的行为方式也自然天差地别。

如果你本身并不是一个在关系中有足够的"钝感力"的人，那就不要为难自己勉强去做一些看起来很洒脱的事。在分手这件事上，比体面更重要的是保护好自己，尽可能让自己不要继续受到更多伤害。

真正的决裂，一定是悄无声息的

其实在一段恋爱里，吵架、发脾气、说狠话这些看起来"撕破脸"的行为不过是关系里的一种"抢救"和"挣扎"，是无计可施之后爆发的愤怒和急躁，是期待对方能在自己的歇斯底里中看到什么、改变什么的执拗。

但这些都不是真正的"决裂"，真正的"决裂"一定是悄无声息的。是当你真的失望到极致时，你会发现自己已经没有力气再去表达什么、争论什么，你甚至可以预测到自己说的每句话将得到对方怎样的回应。

你太熟悉他的冷漠和自私了，你知道自己说的每一句话最终都会转化成他嘴里的"子弹"和"刀子"，你不想再受伤了，所以你选择了沉默。

所以"吵架"其实并不是坏事，至少你能判断得出一个还在和你争吵的人一定是还对你、对这段关系抱有不甘心和期待的。只要你还愿意说些什么，那这段关系就一定还有变好的可能。相反，当你无论说什么、做什么换来的都是对方的冷漠、不回应、不在意时，当你提出的所有问题都得不到回复时，要学着放手。因为当你一次又一次用尽全力把拳头打进棉花里时，那种失落和空虚的感觉会加深你在关系里受到的伤害，会让你向前走的步伐更艰难、更沉重。

找到滋养你的亲密关系

我们总觉得谈恋爱时"什么都不图"才显得感情更纯粹、更"高级"，但其实不是这样的。

"什么都不图"，就相当于你"什么都不想要"。既然如此，你为什么要去谈恋爱呢？当恋爱遇到问题和考验时，你又能拿什么来支撑自己坚持下去，并为之努力呢？

其实不管我们要去做什么事，都是需要一些"目标"来激励我们"做下去""走下去"的。换句话说，人活着不管做什么，一定要"图"点儿什么。我们要有需求，有欲望，有信仰，才不至于在每次遇到阻力、意志懈怠的时候轻而易举地放弃。

我们不一定要"图"名利，可以是"图"爱与被爱的感觉，"图"个陪伴，"图"个快乐，"图"个情绪价值……也可以是"图"对方的某个优点,"图"他长得好看、有学识、人品好……而你也要明白自己到底想要什么,然后光明正大地去"图"点儿什么。

如果你真的抱着"什么都不图"的心态去谈恋爱,那你大概率会遇到一个"什么都没有"的人。因为你也不知道你要找的是一个什么样的人,你没有清晰的择偶标准和对人的判断依据,说白了就是"碰上谁找谁",在这种状态下稀里糊涂地谈恋爱,这是对自己的不负责任。连你自己都不爱自己,又怎能指望别人来爱你,重视你呢?

所以,谈恋爱一定要"图"点什么。不仅要"图",还要明明白白、清清楚楚地"图"。勇敢地说出自己的需求、真实地表达自己的想法,不勉强、不将就,才能得到真正适合你、滋养你的亲密关系。

太贪心,便会一无所有

其实"脚踏两条船"并不是一件轻而易举就能办到的事。因为在绝大部分人看来,谈恋爱本身就"挺累"的,不仅要在兼顾学业或事业的同时,在一段关系中投入大量的时间、精力、财力,还要绞尽脑汁地去应对关系中层出不穷的新问题、新考验,时刻调节自己的情绪，还要帮伴侣调节情绪，然而，即便付出了这些也不一定就能谈好恋爱……

那既然如此，为何还会有人能同时谈两段恋爱呢？

其实，朝三暮四的人一定不是因为有多余的时间、多余的精力、多余的财力才去朝三暮四，他们不是不想专一，而是"不能"专一。换句话说，他们在亲密关系中是"无能"的。

他们无法在一段恋爱中体验到深度情感交流带来的快乐和幸福，无法在任何关系中找到存在感和归属感，他们没有爱的能力，自然也就永远无法体验到什么是被爱。他们自己也不知道自己到底想要什么，所以他们只能通过不断寻找新的人、新的关系来填补自己的空虚和寂寞，随后再空虚，再填补，像一只闯进瓶子里飞不出去的无头苍蝇，在新鲜感的死循环里消磨光自己所有的生命，直至死亡。

所以那些在感情里背叛、欺骗、三心二意的人也都是"可怜人"，这类人往往携带着原生家庭的创伤，是天生的"爱无能者"。试想，如果可以在一段健康又稳定的关系中获得内心的富足，又何必再去"折腾"，再去绞尽脑汁、费钱费力地"出轨"呢？有些人看似什么都能得到，其实是因为他从来都没有真正地"得到"过。

允许任何人的离开

有时候我们必须接受,一个曾经很爱很爱你的人有可能会从某个瞬间开始就不再爱你了。不是他喜欢上了别人,也不是你变了,没有魅力了,只是因为爱"消失"了,仅此而已。

当然,爱不会凭空消失,它是由人的想法决定的。或许是他从一开始就压根不了解你,只是在凭着自己对你的想象"盲目"地爱着,爱到一半发现,你和他想象中的样子不一样,或者突然发现你的情感需求他根本满足不了,所以他便后退了,爱也开始变质了;或许是他对爱情的认知有偏差,以为两个人只要开开心心地吃喝玩乐就可以长久地幸福下去,可谈到一半才发现原来恋爱远比想象中要"麻烦"得多。他发现自己根本没有解决问题的能力,也没有互相磨合的耐心,所以他放弃了、逃跑了。而你并没有错,你一直都在认真地做你自己,不必因为自己没有满足他人的期待而感到抱歉;他也没有错,因为他曾经的付出和表白也都是发自肺腑的,可这个世界本身就处在无穷无尽的发展和变化中,真心也会瞬息万变。

人一定要学会"不执着于被爱"。很多人用一生的时间苦苦追寻爱情,其实不过是想要证明自己是值得被爱的,是可以被爱的。可一旦陷入这种自证的旋涡，人就很难幸福了。当你开始接受"这个世界上除了我自己可能没有人爱我"这个设定时，你就不会再害怕任何一种爱的"消失"，不会再和别人过不去，不会再和自己过不去。我们必须允许任何人的离开，才能真正学会自爱，找到自我。

不是只有爱情能让人感受到幸福

其实，早些年我也是大家口中的"恋爱脑"。

我不谈恋爱的时候状态特别好，拼命学习工作，把自己的生活和前途安排得井井有条。可一旦恋爱，我的情绪就很不稳定。谈得开心的时候，整个人阳光积极、活力满满；遇到问题或者吵架的时候，我会觉得生活中的一切都毫无意义，不想出门，懒得打扮自己，朋友邀约也不想出门，满脑子都是"爱"。等后来和好了，我就又马上像"活过来了"一样，感觉自己浑身充满了力气，生活中的一切又突然变得可爱、丰富多彩起来。

那个时候的我也意识到自己的问题了，我想改变，但又不知道怎么改变。我渴望爱情，但是又不甘心做爱情的"傀儡"，搭上自己生活的全部。直到后来有一次春节，我回爷爷家住了一段时间，才突然领悟。

我的奶奶大概在十三年前就去世了,她做了一辈子的"家庭主妇",养大了家里的四个孩子,帮助我爷爷打点生活中的一切,让他专心做好自己的事业。爷爷也一直很努力,即便是生活最困难的时期也没让家人饿过一天肚子。我一度觉得他们就是我理想中爱情的最高形式。

可再相爱的两个人也总会有一方先走。在奶奶的葬礼上,爷爷在一片忙忙碌碌的身影中孤零零地站着,眼神茫然得像个游乐园里和家长走散的孩子一样。这十几年来,爸爸和姑姑们各自因为忙于工作和生活,回家的次数慢慢变少,爷爷便"从零开始"学做饭、做家务、打理自己的生活。大杂烩、西红柿炒鸡蛋、面片儿汤……我看着爷爷缓慢而有条理地完成一道道烹饪程序,舀起一勺面汤后轻轻尝了一口,然后像终于完成了一件满意的作品一般把火关掉,盛出两碗面喊我吃饭。我和爷爷就这样坐在窗台前的餐桌旁,晒着冬季正午暖和刺眼的阳光,把碗里的面吃了个精光,那一瞬间我恍惚觉得,自己那些"为情所困"的烦恼和"爱而不得"的痛苦简直幼稚得不值一提。

爱情重要吗?或许在人生的某个阶段我们会觉得它高于一切,

会给予我们短暂的、高浓度的快乐和满足感。我相信爷爷也曾因为遇到了一位好的爱人，得到了无微不至的关照而感到幸运和幸福。但就生命本身而言，有时爱情能给到的幸福远远不如一粥一饭、一束阳光来得踏实。因为你的爱人随时都有可能离开你，无论是主动还是被动。我们必须允许这种情况的发生，然后你才会意识到，其实真正的幸福从来都不依附于另一个人而存在，因为真正的幸福只有你能给你自己。

这个世界上有一百种能让人感到安全和快乐的方法，而爱情只是其中最不稳定、最可遇而不可求的一种。所以，去寻找那些能让自己感到快乐的事吧，去运动，去逛街，去玩游戏，去旅行，去看书，去写些什么……慢慢你就会发现，其实人生原本就比你想象的更容易幸福。

幸福的第一步，是不怕被拒绝

没有人喜欢被拒绝，所以我们大多习惯于去做自己"有把握"的事情，最好是一切"水到渠成"，别遇上什么坎坷。

可相比之下，不怕被拒绝的人，真的会离幸福更近一点。

不得不说，我们一切的预测和想象都是狭隘的、有局限的。我们永远无法预知下一秒自己和他人的生活里会发生什么，也永远不能真正了解一个人的所思所想和他的需求到底是什么。就像你喜欢一个人，你主动找他聊天，约他见面，他的态度却仍旧不冷不热的。这时，你会觉得他一定是对你没感觉，所以你不再主动，也不打算表白，决定默默退出对方的生活。

可是有没有这样一种可能，是因为他不确定你是抱着怎样的想法和目的接近他，他不想不清不楚地和异性发展暧昧关系，所以才刻意保持距离呢？或许只要你一开始就勇敢地表达自己对对方的欣赏和好感，你们之间的相处是不是就会大不相同了呢？当然我说的也仅仅是一种可能和假设，但是在追求幸福的道路上，勇敢地去多制造一些"可能"又有什么关系呢？没有迈出那一步的时候，你怎么知道那会是怎样的一种"可能"呢？

其实所谓"不怕被拒绝"不是指"厚脸皮"、不顾后果地"横冲直撞"，而是有能力去承接"被拒绝"后带来的情绪和压力，有足够的胸怀去接受自己可以不被爱、不被看好的事实。其实很多人害怕被拒绝不是因为不能接受"得不到"，而是不能接受"被否定"，或者是说会把"得不到"的原因归结为"被否定"，其实真相并不是这样的,"被拒绝"在大多数情况下仅仅是一种价值和需求的"不匹配",而恰恰是这种"被拒绝"的体验,才会让你明白自己到底需要什么、适合什么,会让你更清楚如何才能"不被拒绝"。

能让我们感到幸福的从来都不是顺风顺水的幸运,而是那些被不断创造的、充满勇气和力量的新的可能。

嘴硬的人活得最辛苦

人与人之间的交往,最怕的就是"嘴硬"。

明明不想失去对方,却在吵架时气势汹汹地说"你是不是以为我没你不行啊";明明你只要被哄哄、被抱抱就没事了,却非要用"我不想看到你",一遍又一遍地推开对方,还期待对方不顾你的拒绝"厚着脸皮"来靠近你;明明很需要对方,却总是装作"独立"又"懂事"的样子,在等不到对方消息的夜晚偷偷掉眼泪。

"嘴硬"的人其实大多数都是因为自尊心太强了,他们害怕说真心话会让自己变得"卑微"。但有时候强烈的爱意和自尊心是不能共存的,如果你太过在意自尊心,太害怕在感情中处于"低位",就很难真正地谈好一段恋爱。因为在一段健康的恋爱关系里,关系中的双方应该是"平等"的，任何一方都无须证明自己是关系里"最害怕失去"或者"最不害怕失去"的那一个，因为"失去"本来就是相互的，任何一方都有随时"终止"关系的权利和自由。

而自尊心太强的人其实是不适合谈恋爱的，因为对他们来说，"被看得起"比"被爱"重要得多。他们往往敏感多疑、容易焦虑，对他们来说，恋爱中遇到问题后第一时间要做的不是去想办法解决问题，而是先把矛头指向对方，他会开始怀疑对方是不是看不上自己才这样。他们从一开始就没有把自己和恋人放在平等的位置上，他们需要恋人的"死缠烂打"来证明自己是更被需要的那一方。

但你知道吗？一个人越是想证明自己的"强"，就越是暴露了自己内心的"弱"。只有当你内心真正强大起来，变得独立而从容的时候，你才压根儿不会在乎别人怎么看你，你只会想：该说的真心话我都说了，我问心无愧了，结果怎么样我都能接受了。

如果你想被爱，就不要做那个"嘴硬"的人。"刀子嘴豆腐心"到最后只会伤人伤己。真实的表达，适当地放下"面子"才会让你离幸福越来越近。

满脑子都是爱情，真的是因为闲吗？

很多人会把"情感丰富"解读成"矫情"，把"重感情"当成是"恋爱脑"，把"满脑子都是爱情"说成是"太闲了"。但有没有一种可能，有的人不是因为太闲了所以才满脑子都是爱情，而是因为感情不顺利，屡屡受到伤害导致自己没办法专注于其他事呢？另外，有没有一种可能，人不会一生只沉迷于"恋爱"这一件事，人只会在恋爱中遇到问题，当不知道该怎么解决的时候才会满脑子都是爱情呢？

把"满脑子都是爱情"解读为"太闲了"这件事，我总觉得是对认真对待感情的人的误解和贬低。我一直觉得，把爱情看得特别重的人，一定把亲情和友情也看得很重。因为人的感情是相通的，一个有爱人能力的人不仅会爱自己的恋人，也会爱自己的家人。一个懂珍惜的人不仅会珍惜一段爱情，也会珍惜任何一段值得珍惜的友情。

即便一个人满脑子都是爱情，那又怎么样呢？这只能说明他曾经在爱情里感受到了我们都不曾感受过的高浓度的幸福，这种幸福让他为之着迷、为之魂牵梦绕。每个人都有追求自己梦想的权利，有的人梦想赚很多的钱；有的人梦想走遍世界看风景；有的人梦想成为拯救国家的英雄；有的人只希望拥有属于自己的爱情，然后和爱人相伴到老。梦想怎么会有贵贱之分？更何况有时候升官发财远远比遇到爱情的难度系数高。

在为情所困的时候大方承认自己正在为情所困，你看重爱情，就多花点时间和精力去寻找爱情、经营爱情。只要这个过程能让你感到幸福和满足，那这么做就是对的、值得的。那些说你"太闲"，让你不如花时间去"搞钱"的人，他们自己很有可能既没有遇到爱情，也没有"搞"到钱。

秀恩爱的人不一定谈得好恋爱

不要觉得隔三岔五在社交媒体"秀恩爱"，一打开朋友圈满屏都是"粉红色泡泡"的人，恋爱一定谈得很好。就像大街上背着名牌包包、满身品牌服装的人大概率并没有多么"实力雄厚"。"证明"也好，"炫耀"也罢，都不过是一种心理缺失的弥补形式，它和一个人真实的生活状态从来都没有关系。

大多数人都觉得谈恋爱"不公开"是个问题，但其实"过度公开"也是个问题。因为谈恋爱其实是属于私人生活的范畴的，除了那些有特殊意义的时间节点，如果一个人每天都在社交平台上发布大量与恋爱有关的照片、视频、文字信息，甚至经常在朋友圈发布恋人的单人照，配上几句直白而深情的表白文案，那么对他来说，"我恋爱了"这件事远远比"我和某某某恋爱了"要重要得多。换句话说，对他来说最要紧的是他是否有一个恋人，至于这个恋人是一个怎样的人，有哪些优缺点，自己到底爱对方哪里，他其实并不清楚。

对于那些太过执着于"秀恩爱"的人，恋爱这件事和一件首饰、一双名牌鞋、一只奢侈品包包没什么本质的不同，都是需要"戴"出来、"穿"出来、"摆"出来、"晒"出来的，只有这样别人才"看得到"，只有被别人"看得到"，这些东西的价值才算发挥到极致。

可拥有许多首饰的人不一定会搭配，也不一定识货，就像每天都在"秀恩爱"的人也许压根儿就没搞清楚什么是爱、怎么去爱。太过急于去证明自己的"爱"，急于找人来"认可"自己的"爱"，恰恰是一个人在爱里"手忙脚乱""患得患失"的表现。因为当你爱得安稳又自信时，即便什么都不说，身上那种幸福的状态也是掩盖不住的，它会在不知不觉间从你的表情、语气、眼神、某个小动作里偷偷跑出来。就像班里每次都考第一名的学生，一般不会在拿到成绩单时欢呼雀跃地和同学、家长炫耀，他们只会安静从容地将试卷装进书包里，继续低头完成当天的作业，然后在被问起时淡淡地说一句："和上次差不多。"

所以，不用羡慕那些在互联网上谈恋爱"谈得很好"的人。恋爱不是谈给别人看的，是谈给自己的。你幸不幸福这件事和大家没有关系，但于你自己而言重要到胜过一切。

不必为开心的夜晚感到惋惜

我一直觉得，只要两个人没有确定恋爱关系，不管他们每天聊得多么频繁，任何一方都随时可以和另一个异性甚至另几个异性尝试接触。换句话说，只要你单身，和谁聊天，和几个人聊天、聊什么这些都是你的自由，和"道德"无关。

如果你真的非常喜欢一个人，想和他每天聊天、分享生活、发展恋爱关系，那么在这个阶段，你的注意力是很难被其他异性所吸引的，自然就不存在"聊一个"还是"聊几个"的问题。但如果你在和某个异性保持长时间、高频率聊天的同时还能和另一个异性聊天，并在聊天的过程中产生好感和继续聊下去的欲望，说明你也不确定自己想要的到底是什么。而面对"不确定"最好的方法，就是在反复的"试错"中得到确定。

换个角度来看，如果有一天你发现那个每天和自己聊天、有点暧昧的人在同一时间也和其他异性有些暧昧，你并不是唯一一个和他保持高频率聊天的人时，也大可不必站在"道德的制高点"去"批判"对方。因为但凡两个人没有确定恋爱关系，那就只能算是"朋友"，或者说是"有可能发展为恋人关系的异性朋友"。而这样的一层关系，还谈不到"忠诚"，更谈不到"道德"。他也许在"观望"，也许在"纠结"，在"选择"，在"迟疑"，但没有关系，你同样拥有"观望""纠结""选择""迟疑"的权利。他并没有"背叛"你，他只是让你看到了他当下对待你们这段关系的态度，给了你充足的"做选择"的余地。

但也不是说确定关系之前接触的异性越多越好，而是当你发现自己对一个人、一段关系并不那么坚定时，就要诚实地面对自己的内心，允许新的可能发生，也要允许自己喜欢的人在确定恋爱关系之前去行使"观望"和"选择"的权利。我们不必为某几个聊得很开心的夜晚感到惋惜，也必须接受这个世界上不是所有事情的发展都会符合自己的期待和想象，尤其是爱情。

别用"画饼"来贬低真心

好多人都用错"画饼"这个词了。

这不是说任何没有在当下立即兑现的承诺都是"画饼","画饼"指的是当一个人明明有能力兑现承诺却百般推脱逃避、出尔反尔。可是不知道从什么时候开始,大家似乎默认了承诺就等于"画饼"。于是越来越多的人不敢承诺,不敢分享期待,不敢谈及未来,不敢太过暴露真心。大家只谈当下,不谈梦想。

可在一段长久而稳定的亲密关系中不能没有承诺,没有承诺也就没有了责任。我们不需要付出很多努力去完成一个怎样的目标、去打造一个怎样的未来、去经营一种什么样的生活,我们不知道这条路的终点在哪里,即便知道也不敢说,因为我们不愿意成为那个"画饼"的人。

我们必须用更理性的态度来看待"承诺"和"画饼"的不同。这二者之间并不是"言而有信"和"言而无信"的差别,而是"目的"不同。承诺仅仅是一个人内心的爱意在达到一定浓度时的一种表达,无论承诺的内容最后有没有实现,可以确定的是他在承诺的那一刻一定是真诚的、坦荡的。

而"画饼"的动机是不单纯的，是明知有些事他做不到或者不愿意做到，却仍然以此为诱饵博得对方的期待和信任，从而实现自己当下的利益和需求。承诺本身从来都没有错，错的是那些披着"承诺"的外衣欺骗感情、利用感情的人，是那些用"画饼"来贬低真心的人。

有些承诺不需要用结果来证明它的价值，因为比结果更重要的是他有没有勇气承诺，有没有付出行动去尽力实现那个承诺。

该为那些"结节"负责的人，是你自己

如果你因为谈了一场糟糕的恋爱而长出了"结节"，那么该为这一切"背锅"的不应该是那个成天惹你生气、让你心情郁闷的男朋友，而是你自己。

可以这么说，你遇到的任何人都没有义务照顾你的情绪，看顾你的健康。任何人、任何事都有可能伤害到你，但要不要一直受伤，要不要从伤害中脱离出来，是完全由你说了算的。"结节"不是一天长成的，就像一段"有毒"的关系带给你的伤害一定不是一次两次，它一定是像"慢性毒药"一样一点一点地侵蚀着你的骨肉。

一开始你仅仅是觉得"有点不舒服",但是想到对方那些吸引你的所谓的"优点",你想着"没关系,这才刚开始,再看看吧"。

过了一阵子,你们经常吵架,莫名其妙地和好,你开始怀疑这段关系、这个人是否真的适合自己,但是他告诉你"两个人在一起就是要互相磨合",于是你咬咬牙,说服自己再往前走走,再试试。

后来你发现一切并没有变好,你很痛苦,想逃离,但当你回头看的时候,你发现自己已经在这段关系里倾注了太多的时间、精力、金钱、感情,那些"沉没成本"让你误以为"分手"会比"维持现状"更令你痛苦。于是你退缩了,你放弃了"分手"的想法,逼着自己接受发生在自己身上的一切。

再后来你的生活似乎进入了某种非常稳定的循环模式。你时而爱他,就像爱一件你倾注了自己毕生心血的"作品";你时而恨他,就像恨一个毁掉你终生幸福的"凶手"。就这样爱着恨着地过了许久,你以为你自己早已在这样的模式中适应良好,直到一次全身体检后才发现,其实你的器官早就在那些压力和情绪的作用下"溃不成军"。

该怪谁呢?是他吗?还是该怪自己运气不好,遇到了这么一个让自己痛苦的人呢?你谁都怪不了,这一切都是你自己的选择。无论是一开始还是现在,上天已经不断地给你提示,让你察觉到那些

"不舒服"，让你意识到这段关系里可能存在的问题。你有无数次机会可以喊停，有无数个瞬间可以救自己于水火，因为没有人"绑架"你，也没有人"囚禁"你，命运为你在绝境中敞开了无数次"逃生"的大门，可是你没走。你不是不能走，是你不想走。

是你用自己的执念、自己的固执、自己的侥幸"画地为牢"，强迫自己接受伤害、适应伤害。其实伤你最深的不是别人，是那个不懂得自爱的你自己。

不管你和谁在一起，一定要对关系中的"不舒服"高度警惕，尤其是在关系刚开始的时候。一开始就让你"有点"不舒服的人，日子久了只会让你"非常"不舒服。当你有了这样的觉察，有了保护自己的意识，那么"结节"就没那么容易找上你。

痛苦是因为不麻木

你有没有特别羡慕别人的时候？尤其是当你发现自己梦寐以求的东西，好像别人都特别轻易地就能够拥有的时候，你会因此怀疑自己吗？

前段时间，一个朋友约我吃饭，跟我聊起她的困惑。她说她看到身边的朋友一个个结婚生子，在朋友圈里整日分享着自己的幸福生活，好像"恋爱""结婚""生育"对大家来说都是很简单、轻松又顺其自然的事情，唯独对她来说无比艰难。她也很想拥有属于自己的幸福，这几年也勇敢地尝试过谈几段恋爱，可最后的结果都差不多：不是她觉得不合适提了分手，就是对方不想继续了然后分手。

为什么对别人来说结婚那么容易，可对她来说就这么难呢？为什么别人的幸福都那么容易得到，而我却在求而不得中一直这么痛苦？是她的运气不如别人好吗？还是她这个人毛病多，不好相处，所以谈恋爱总是谈着谈着就分手了？

听到这些疑问，我回答她："你痛苦，是因为你不麻木。"

这个世界上的每个人对于"幸福"的定义都是不一样的，对于"我应该和一个什么样的人在一起""我需要的是一段什么样的亲密关系"诸如此类的问题，不同的人也会有截然不同的答案。换句话说，在你眼中那些"轻而易举"就恋爱并且结婚的人，或许她们对伴侣的需求和你对伴侣的需求压根儿就不一样，所以根本不存在"谁比谁更容易幸福"的说法。

举个例子，或许对有的女生来说，另一半和朋友聚会通宵喝酒、夜不归宿是可以接受的。因为她们觉得这只是对方的生活和社交方式，她们不仅不会不开心，还会在第二天为对方煮粥做饭，照顾对方的身体。但你做不到，你会在那个晚上彻夜难眠，你会一遍又一遍地拨通对方的电话问他什么时候回家，会在对方因为喝醉没有接电话的时候胡思乱想、坐立难安，会在第二天试图劝说他以后不要再出去通宵喝酒。你会告诉他这么做是不负责任的、让你没有安全感的，他会反过来说你管得太多，剥夺了他和兄弟们交往的自由，你们也许会因此大吵一架，甚至就此分手。

是你毛病多吗？是她们比你更容易幸福吗？把她们的生活塞给你，你愿意要吗？你不会愿意的。当然，并不是说前者的态度有什么问题，面对同一件事每个人都会有不同的理解、不同的态度和处理方案，这没有对错之分。也正是因为这样，我们没必要为了达到某个目的或得到某段关系而强行改变自己的认知和态度，逼迫自己接受自己原本接受不了的行为，爱上自己原本没办法爱上的人。你既没有那个必要，也没有那个本事。

或许有些痛苦的存在是好事，它恰恰证明了你是清醒的、敏锐的、对自己的幸福是有要求的。"差点意思"的爱是糊弄不了你的，你会为自己的幸福负责到底。

远离情绪失控的人

以前，人们总以为时间可以证明一切，在恋爱里，想要看清一个人，也需要用很长的时间才可以。

但在谈了几段恋爱以后我才明白，要证明一段感情值不值得继续付出的最直接方式，并不是用时间"等"或者"耗"，而是看彼此在有冲突、有矛盾的时候会不会变成一副"陌生"的样子。

对于那些自私狭隘、骨子里对感情淡漠的人来说，他们只有在心情愉悦、状态良好的时候才会去爱你。一旦你的意愿背离了他们的想法，违背了他们的意图，给他们带来了压力和麻烦，他们便立马换上另一副面孔，为了让自己更舒适、省心，不惜打压、指责以及否定你一切正常的情绪和需求。

除此之外，在感情中，还有一些情绪不能自控、不具备解决问题能力的人。这种人一旦身处冲突和矛盾的环境中，需要面临思考和处理棘手的问题时，就会用发火、怒吼、谩骂、热暴力、冷暴力等极端的情绪发泄模式来逃避现实。和这种人在一起，就好像在腰间绑上了一颗"定时炸弹"。因为你永远不会知道对方的情绪何时会失控，明明前一秒两人如胶似漆，可一旦遇到问题，恋人秒变仇敌，恶语伤人心。

所以一段恋爱最好的试金石也许并不是时间，时间只是发生这一切的介质而已，两个人在最初时彼此靠近是荷尔蒙作祟，但若想长远地走下去，靠的则是一颗真心。

所有"断崖式分手"，都是蓄谋已久

"断崖式分手"可以算得上是恋爱里最残忍，也是最令人难以接受的"酷刑"。

"断崖式分手"是指：一段感情在你付出最多、期待值最高，以为这段恋爱没有任何实质性的问题，会这样平平淡淡地走下去的时候，而对方没有任何沟通，也没有任何理由地戛然而止的分手形式。

这种分手方式会让"被动分手"的那一方犹如从高空坠落般猝不及防、无能为力，他们除了自我怀疑、胡思乱想之外，再也没有别的办法去对这段感情进行挽救。

说实话，我真不希望有人经历"断崖式分手"，因为这种分手方式带来的伤害和后劲儿确实很难消除。这种经历会让人对恋爱中的所有快乐产生怀疑，并认为幸福都是短暂的，是随时都会突然结束的假象，真心换不来真心，因此他们在以后的日子里也很难再付出真心了。可能这股后劲儿或许能让他们在短期内把自己保护得很好，避免了再次受到伤害的可能，但同时也制造了非常多的遗憾，会让人在最好的年纪错失掉很多幸福的可能。

很多经历了"断崖式分手"的人到最后都会想要一个答案：为什么明明一切稳步进行，却会突然被分手？为什么对方可以如此狠心？可大家有没有想过，一个想解决问题的人是不会跳过问题直接选择放弃的，所以，所有"断崖式分手"都是蓄谋已久。

其实换个角度看，分手也是好事，生活帮你带走了一个不适合、不珍惜你的人，而你，永远都是那个完完整整的你自己。

可以勇敢，但不可以盲目

有一个很"害人"的爱情观影响了很大一部分人，那就是"爱一个人，就要多让着他"。

这个观念乍听起来很甜、很暖，但在现实中，其实绝大多数人很难掌握好"让"的尺度。

"让"的潜台词，其实就是"无条件地包容甚至是纵容""为了迎合对方的喜好而做出妥协甚至牺牲""压抑一部分自己认为合情合理的正常需求"。

很多人会混淆"让"和"爱"的界限，是因为他们会用"让得多少"来对照"爱得深浅"，然而事实上这两者压根儿就不是一回事，这种误解很容易把人带进"自我洗脑"的圈套里。为什么有的人在亲密关系中长期遭受家庭暴力或者冷暴力，却仍然做不到及时止损？因为当你执着于证明自己的爱时，就会疏于判断你爱的方式是否正确、对方的行为是否合理以及这段关系是否公平而健康。

而衡量这一切的重要标准，就是你有没有在这段关系里得到尊重，你所包容的一切能不能经得住社会价值观的审视。你的"让"和"成全"有没有被看到，有没有让这段关系变得更好，还是说被当成理所应当，换来的是对方无底线地变本加厉。

所以，不要太相信你的爱人，无论你多么爱一个人，都不要让自己失去理智判断的能力。

爱可以勇敢，但爱不可以盲目。

好的爱情，是畅所欲言

其实在一段感情里，真正的亲密并不是撒娇、甜言蜜语、牵手拥抱、无时无刻不黏在一起，因为这些只是荷尔蒙上头时人的本能反应。而衡量一段关系是否达到"真正"的亲密，其中一个重要的标准就是看两个人在一起的时候能不能"不带脑子地说话"。

看到这儿，可别误会。这里的"不带脑子"不是指肆意妄为地用攻击性的语言伤害他人而不自知，也不是指关系中不考虑他人感受、以自我为中心的那部分人。

"不带脑子"地说话，是指可以大胆直白地表达自己真实想法和感受，不必小心翼翼地担心自己的意见和对方不同，从而给对方带来不快和压力，也不必担心对方会因为自己的异议而大发脾气。

可以"不带脑子"地说话，意味着你拥有了偶尔说错话也可以被原谅的权利。我们在与这个世界接触的过程中总会有磕磕碰碰，人与人的交往也不例外。语言交流中难免会一不小心触碰到让他人感到不适的部分。

而及时地意识到问题，真诚道歉，才会让一个人在关系里感到安全和放松。

理智和克制，是成年人的基本规则

两个人频繁地争吵，频繁地发泄、说狠话，情绪上头的时候就好像彼此从来没有爱过一样，拉黑再和好，那这是爱吗？

击败感情的从来不是问题本身，是误会，是冷战，是情绪上头时的恶语相加。在一段恋爱里最可怕的，就是"相爱"和"相杀"这两种极端状态来回切换。

一起吃喝玩乐、谈情说爱时，两个人开心到极点，恨不得马上去结婚、登记，就这样手牵手，快乐一辈子；可一旦问题出现，彼此却谁也不愿沟通，也没有能力解决，只能把"锅"甩在对方身上，互相指责、恶语相加，恨不得从此"老死不相往来"。

其实，好的爱情也不是两个人能一直不吵架，而是彼此在争吵的过程中把内心深处真正的需求和感受说出来，然后通过争吵去探索、寻求让彼此更加舒适的相处模式。"吵架"不是"攻击"，不是为了发泄而发泄，更不是铆足了劲去驳倒对方，从而来证明自己的正确和英明。真正相爱的人，怎么忍心彼此"相杀"？

争吵和情绪从不是伤害他人的理由，理智和克制才是成年人谈恋爱的基本规则。

爱是三餐四季，也是细水长流

其实无论我们曾经对爱情抱有多少伟大的幻想和憧憬，终有一天，我们不得不承认，你我都只是这个世界上千千万万人之中无比渺小又平凡的那一个。

我们很普通，我们的爱也是。

那什么是普通人的爱情呢？其实对于普通人来说，无论我们多爱一个人，多想对一个人好，都没有办法做到像超级英雄一样闪闪发光地出现在对方的世界里，去帮他摆平一切难题。也没有办法像童话里的王子一样，带给对方多么优渥富裕的物质生活，满足爱人的一切愿望。一个普通人表达爱的方式，其实就是陪伴和分享，仅此而已。

因为喜欢你，所以想靠近你，和你在一起。看着你开心我会比你还开心，看到你难过我会比你还难过。因为喜欢你，所以想尽办法安慰你、逗你开心、给你打气，用最笨拙也最真诚的方式陪伴在你身边。

看到好看的风景想拍下来发给你，吃到好吃的东西会想打包回去带给你，那些奇奇怪怪的、天马行空的想法也都想说给你听。虽然我形容不出有多爱你，但我对你的爱，就在我给你打过的每一个字里。

爱情里最难得的，从来都不是轰轰烈烈的海誓山盟，或从天而降的英雄救美，而是平淡生活里的三餐四季，是细水长流中的惺惺相惜。

无所求，必满载而归

相爱的时候我们都会向往一个"结果"，但大多数时候这个"结果"不是光靠一个人的付出和努力就能拥有的。向往"结果"但不执着于"结果"的恋爱，或许才会让人更投入、更轻松。

曾经我就是一个很执着于"结果"的人，以至于每当我遇到一个喜欢的人的时候，我都会在脑子里像分析数据一样，去琢磨如果我和他在一起之后，未来可能会出现哪些问题和阻碍——他会不会毕业后和我分隔两地？我们的家乡不同会不会导致生活差异大？他父母如果不喜欢我怎么办？万一在一起很多年最后却分手了该有多痛苦……

这种无止境的预设和想象让我在很长一段时间里都没有办法认

真地投入一段恋爱。因为当一个人太执着于"结果",却又不确定有没有"结果"的时候,就势必会在关系中不自觉地有所保留。这样的状态久了,连自己都不知道自己还喜不喜欢这个人、这段关系还要不要继续。

后来我发现,执着于"结果"其实没有任何意义,因为"结果"本身就是一种千变万化的东西。恋爱不是"结果",婚礼也不是"结果",因为恋爱可以分手,结婚可以离婚。

时间在不断向前,一切新的可能都正在发生,我们永远无法看到未来的人生会遇到怎样的考验和挑战。

无所求,才会满载而归。我们只能为自己当下的选择负责,也只能忠于当下的感受。

"力"的作用是相互的

我总和大家说:"永远不要去故意地伤害一个人。"

这听起来好像是在劝人善良,但比起道德层面的作用,这句话其实是包含着很强的实用主义智慧的。

因为一个人在做出伤害他人行为的同时,无论有意还是无意,他就必须承担被对方伤害的风险和可能，且这个可能性还是很大的。

力的作用是相互的，尽可能避免伤害他人的同时，也是在尽可能避免自己在未来受到任何形式的伤害。

有的人可能会问："如果对方是很坏的人，且对方先恶意伤害我，那我为什么不能反过来伤害他呢？凭什么任由对方作恶？"

面对这种情况，如果对方真的已经坏到超出法律和道德约束时，那么这个社会其实是有非常多合法又安全的渠道去惩罚一个坏人的。

每个人的一生，都有自己的修行，都在承接自己的因果。

我们永远无法和伤害做到"绝缘"，但避免受到伤害的最有效方法，就是尽可能不要去伤害他人。

即便在无意中伤害到对方，也请记得在意识到自己的问题后及时去表达歉意。

这不是懦弱，也不是卑微，这是我们在为幸福铺路的一种智慧。

鼓励是成年人的糖

小孩子总是会为了得到奖励去做自己"分外"的事情。

为了得到幼儿园的小红花，去帮老师擦黑板、做值日生；为了得到心爱的玩具和糖果，加倍用功读书，考第一名；为了被夸奖一句"好孩子"，主动帮爸妈分担家务、体谅父母……那成年人呢？除了工作、赚钱、养活自己和家人，什么会让一个成年人去做自己"分外"的事情呢？是鼓励。

这个鼓励可以来自自己，但更多是来自外界，尤其是来自那些你在乎的人。

请大家永远相信一句话：这个世界上没有人"应该"来爱你。对任何人来说，除了满足自己生存和生活的"必需"，没有什么是人生的"刚需"，包括去爱一个人。对成年人来说，爱一个人、对一个人付出，本来就是自己"分外"的事情，是一项自己强加给自己的工作，是在温饱之外增设的情感需求。这项工作不需要薪水，加班也不需要补贴，它唯一需要的，就是回应和鼓励。

爱是需要鼓励的，鼓励本身就是一种正向的回应。成年人与孩子最大的不同，就是不会轻易把需求宣之于口。"我来接你""我去找你""我会陪你"这些字句想表达的其实是"你看我是不是有在认真爱你呀""你看我是不是在努力付出呀""你看我是不是一个很棒的另一半"。

付出不一定就会有回报，但每一个付出的人一定都在期待回应。

记得要常常去鼓励那个你爱的人,让他知道他的付出是被认可的、被看到的。因为爱情里最崇高的道德并不是"我会回报你的好",而是"我知道,你有多好"。

可以追,但不能一直追

好的恋人,真的是靠"追"来的吗?

大家似乎都觉得,一段恋爱的开始是靠先动心的那个人有所行动、想尽办法、锲而不舍地"追求"对方、赢得青睐,最终确定恋爱关系。所以很多人也会下意识以为,只要够喜欢、够勇敢、够坚持,就一定能"追"到自己喜欢的人。

但事实真的是如此吗?

这种恋爱思路其实是陷入了"努力就一定会有回报"的陷阱。健康的恋爱关系从来都不是"追"来的,你也永远"追"不到一个不能欣赏你的人,也永远感动不了一个看不到你的"好"的人。我们习惯性地把那个在关系里最先往前迈出一步的人称作"追求者",但从本质上来讲,在一段好的亲密关系里,从始至终就没有人在"跑",更没有人在后面"追"。而如果你成功追求到了你喜欢的人,那也不一定就能说明你有多努力，因为但凡能追求成功，那对方一定是看到了你的价值，且被你的优点所吸引。

所以我一直觉得，遇到喜欢的人可以"追"，但不能在被拒绝后还"一直追"。当然，不排除有的人确实在被拒绝后不言败、不气馁，最终成功地和喜欢的人在一起。而出现这种情况大致有两种原因——要么对方原本也很欣赏你，但对于确定恋爱关系这件事还有担忧，有疑虑，你通过实际行动解除疑虑后，两个人顺其自然地在一起；要么就是对方压根儿没看到你的价值，只是因为眼下还没有遇到自己更喜欢的人，又有孤独和寂寞需要消遣，你又能在身边持续地提供情绪价值，所以才同意和你谈这场"稳赚不赔"的恋爱。

但无论是哪一种情况，对那个发起"追求"的人来说，都是充满风险的、艰难的、有极大可能会被伤害的。

所以，我们喜欢一个人要勇敢，但不能鲁莽，因为比爱与被爱更重要的，是让自己尽可能免于被伤害。我们真正向往的从来不是做一个情场里的"常胜将军"，而是恰巧能和喜欢的人"双向奔赴"。

任何关系中，选择都大于努力

我们很容易对人与人之间的关系形成一种"误解"，那就是——只要两个人可以坐下来好好沟通，问题就一定可以得到解决。

可事实上，真的不是所有人都可以"好好沟通"，即便两个人都有互相沟通的意愿，照样也有可能沟通不了。

沟通是需要"门槛"的，这个"门槛"是指共同的认知、相似的三观、同一层次的格局。

举个例子，你和一个人谈恋爱，每当关系遇到问题和考验的时候，你们两个人都很积极主动地想去解决问题，但你始终站在"两个人"的立场看"长期"，对方始终站在"自己"的立场看"短期"，所以，彼此对关系的认知、处理问题的思维逻辑从一开始就是相反的、冲突的、天差地别的，那你们两个再怎么沟通也是无效的。你改变不了他的眼光，他改变不了你的视野，因为你们之间的差异远远不像"你喜欢吃面，他喜欢吃米饭"这么简单。一个成年人的认知和三观一般是无法被外界所改变的，除非有极小的概率，某一天他意识到了自己身上存在哪些问题并愿意做出些调整来让自己变得更好，但即便如此，他的底层认知和观念也是很难被撼动的。

任何的关系中,"选择"一定比"经营"更重要。当你一开始就选错了人,和一个三观不合、互相嫌弃、彼此不认可的人生活在一起,你会发现一开始的那些心动和喜欢会突然在某一瞬间以不可遏制的态势迅速消亡,随之而来的是漫长的煎熬,不被看到的挣扎、努力和无可奈何的绝望。

当努力没有用的时候,记得给自己重新选择的权利。你不是薄情,也不是无能,你只是需要为自己的人生负责,在意识到错误的时候去尽力弥补。

想和你结婚,不等于爱你

真心爱你的人一定会想和你结婚,但想和你结婚的人还真不一定有多爱你,可能只是因为他自己想结婚了而已。

很多女生会把"对方是否真心想娶我"当作检验爱情的依据。因为在绝大多数人眼中,一个男生只有愿意为两个人规划未来,主动承担责任,他才能算得上是真诚的、靠得住的。可在现实环境中,"爱不爱"和"结不结婚"真的是两码事。

结婚并不像恋爱那般,只要两个人彼此产生情愫,说出一两句告白就能爱得如胶似漆。婚姻是建立在制度和法律上的一种复杂的社会关系，它在年龄上设有门槛，就意味着结婚对一个人的心智化水平、社会化程度、生存能力、解决问题的能力、智商、情商都是有要求的。可惜结婚登记前没有考试，所以总有一批又一批并不合格的年轻人带着各种各样的目的踏进了婚姻的大门。

结婚是有很大一部分功利意义的，至少对一部分人来说是这样。因为婚姻不仅是一个人的某种生活状态或者家庭结构，它有时更像某种社会身份和社会标签。我曾经亲耳听到一位男性朋友和我说，他觉得自己得赶快找一个能结婚、能过日子的女生，因为已婚的身份更有利于塑造他靠谱又踏实的人设，对升职也有帮助。我不能说他的观念毫无依据，但在我看来，他的想法还是太过天真了些。相比于结婚后一个人需要为经营关系投入的时间和精力、责任和风险、耐心和真诚、金钱和用心，"已婚"这个标签带来的所谓"好处"实在不值一提。

其实每一段婚姻都有它存在的原因和意义，爱与不爱并不是决定这段关系存亡的唯一指标，但我还是希望每个相信爱情、向往爱情的人都不要被"结婚"这两个字冲昏头脑。

我们不如在对方提出结婚时多去看一看、想一想对方真正的动机是什么吧，也想一下对方的需求能不能被满足，你想要的婚姻到底是什么样的，你想要的对方能不能给你。婚姻不是爱情的最高形式，也从来不应该成为你的人生终极目标。你不必是结婚主义，也不必是不婚主义，你应当信奉的是"幸福主义"。

相亲能遇到爱情吗？

很多人抗拒相亲，是因为觉得它"目的性"太强。

两个素未谋面的陌生人在某个熟人亲戚的撺掇下坐在一起谈条件，比起"你是什么样的人""你喜欢什么"，大家更关心"你有房吗""父母有退休金吗""你家彩礼要多少"等信息，听起来实在无趣又尴尬。

但你知道吗？真正让你感到不舒服的、有问题的从来都不是相亲本身，而是那个你遇到的人。换一种形式，换一个场景，你仍然会有很大概率遇到各种各样在你看来"奇葩"的人。

相亲只是无数种社交方式的其中一种，它只是我们走进世界、探索世界的一种途径而已。所以相亲也好，网恋也罢，人际关系本身就充满了风险，正因如此，我们也才明白能遇到一个灵魂伴侣是多么可遇不可求的事。

但说实话,我反倒很支持"相亲",也很鼓励身边单身的朋友多去"相亲"。因为坦荡地去承认自己的情感需求,在保护好自己的前提下大胆地为自己创造幸福的可能,抱着认真负责的态度去为一段关系付出,在遇见不同的人的过程中去问问自己到底适合什么样的人、想要一段什么样的关系,其实也是一种认识自我的方法。毕竟普通人的社交圈太局限了,尤其是身处"熟人社会"中的年轻人,随便和陌生人搭两句话都能找到几个共同好友。而我们也需要勇敢地突破固有的人际模式,扩大自己的社交范围,去结识更多鲜活的灵魂,探索生命的丰富形态,直到找到那个能和你契合的伴侣。

不是时间越久的感情越深厚

我们总是习惯用时间来衡量一段感情的分量。

"我们都在一起五年了""这么多年的感情怎么可能轻易放手"……可现实是,并不是时间越久的感情越坚固。有的感情经历的时间越久越深厚,有的感情随着时间的流逝才发觉原来问题重重,有人一见钟情然后相守一生,有人新鲜感过后潦草收场。

其实时间越久的感情越容易"误导"人，你以为你们的感情历经磨难，经受住了时间的考验，但其实这些感受不过是来自你的"习惯"。

你已经习惯了这段关系作为你生命中的一部分存在，习惯了和另一个人共享自己的生活，习惯了"某人的恋人""某人的爱人"这个角色，习惯了一次次费尽心血，为这段感情付出自己的全部。你太依赖这种"习惯"了，依赖到你不敢想象，如果未来某一天，你不得不去戒掉这种"习惯"时你会有多痛苦。所以你不敢放手，不是因为你握住的东西有多珍贵，而是出于某种"自我保护"的本能。

很多身处一段长期关系中的人并不幸福，甚至可以说很煎熬、很痛苦。可能关系以外的人会很羡慕他们是怎么做到感情长久又稳定的，但让感情长久又稳定的，有时并不是"爱"，而是那些"沉没成本"。因为当你在一段关系中投入了大量的时间、经历、金钱，耗光了自己全部的热情和期待，为了维系关系，一次次卑微到尘埃里时，你就会发现，自己已经再也没有力气去结束这一切然后重新开始一段感情了，甚至有些已经和对方生儿育女，承担了太多责任的，便更不忍心将自己过去若干年历尽艰辛，好不容易经营至今的感情扼杀在自己手中。你不甘心，所以你只能继续往前走。

但我希望大家明白，人生其实很长，长到和你的终身幸福相比，一段不健康的感情真的不值一提。不是每个人都要谈恋爱、结婚，拥有一段长久稳定的关系，这也证明不了你是一个多好的人，人生中最重要的是你自己要能感受到幸福、感受到被爱，这就够了。

陪伴是关系中成本最低的东西

其实很多人都分不清想谈恋爱、不愿意分手是因为真的喜欢某个人，还是仅仅因为太需要另一个人的陪伴，需要通过寻找精神寄托来稀释那些难以忍受的孤独和寂寞。

如果你是因为需要"陪伴"，不愿意一个人面对生活，而无法放弃一段让你内耗的感情，那么我认为大可不必。因为在恋爱带来的诸多"好处"中，"陪伴"是成本最低，也是最不稀有的一种。

随便下载一个社交软件，你就会发现这个世界上最不缺的就是"寂寞的灵魂"。你会遇到数不尽的愿意陪你聊天的人，这个聊着不开心，那就换下一个；下一个聊天很投机，那就多聊几句。即便你同时和十个人聊天也没关系，这和专不专一、道不道德都没有关系，因为大家都心知肚明，我们只是互相排遣当下寂寞的"临时关系"，当你下一次需要人陪伴的时候，和你聊天的可能就不是我了。

隔着网络这层面纱，好像一切人际关系都变得触手可及又随意轻松。不管你是线上和一个接一个的陌生人聊天，还是始终找同一个人聊天，其实都是你在主动寻找获取"陪伴"的一种方式罢了。或许你会说，在社交软件上乱七八糟的聊天怎么能和恋爱里的聊天相提并论呢！是，谁都渴望遇到一个懂自己、爱自己的人，建立一段长久稳定的亲密关系。但当你被拖进一段不健康的恋爱，当你为一段关系倾尽所有却仍然得不到尊重、得不到理解、得不到偏爱的时候，你就会发现，有些"陪伴"还不如社交软件里的"随便聊聊"更让人快乐。

所以，如果你仅仅是因为需要"陪伴"就不顾一切地投入一段感情，或者是因为害怕失去"陪伴"就允许自己继续在一段不健康的恋爱里持续内耗。那么请你记住，"陪伴"是廉价的，但你的幸福不是。

高质量的独处，永远好过委曲求全换来的"陪伴"。

有些关系表面上是变淡了，其实是变质了

你们有没有遇到这样的情况，一个曾经在某段时间和你保持高

频率聊天的人，莫名其妙地"消失"了几个月甚至几年之后，在某一天突然若无其事地重新出现在你的世界里，没有任何解释地继续找你聊天、约你见面，就好像那段"断联"的日子不曾存在过一样。

如果你遇到过这样的人，或者正在面对着这样的人，相信我，这不是"重归于好"，也不是"放不下你"，是这个人压根儿就没尊重过你。你可以和他保持适当的社交距离，但一定不要拿出自己的全部真心来对待他，更不要幻想他突然来找你是因为这么多年心里一直都在惦记你。这样的人是不值得你去深交的，因为"断联"的本质并不是"关系变淡了"，而是"关系变质了"。

即便你们是朋友，试想一下，如果是你在某段时间因为某些原因而疲于社交，你会因此和原本很好的朋友突然态度冷淡、语气敷衍吗？会彻底断交长达几个月甚至几年时间吗？即便是真朋友，不必时刻保持联系，但如果是对你来说很重要的人，你会在聊天框已经沉寂了一年半载以后没有任何解释，就像什么都没发生过一样，热情地和对方攀谈吗？你难道不会觉得有点"心虚"吗？不怕对方对你"心存芥蒂"吗？如果他很重要，你又怎么会这么久了都没有一句问候？

这样看来，能和你"断联"的人，本身就是不重视你的人。他今天可以因为各种各样的原因转变态度，转身"消失"，即便将来有一天"回来了"，以后的日子仍然有可能再一次因为各种各样的理由"消失"。所以，尽可能不要把太多精力放在那些不重视你、觉得你可有可无的人身上。

你很贵，你的社交名额也是。

"相爱"不能抵消"痛苦"

如果你很爱一个人，你也真实地感受到他很爱你，可是和他在一起会让你很痛苦，你会怎么办呢？是为了爱情不顾一切，还是做那个自私又懦弱的"逃兵"呢？

很多人都以为选前者才是"真爱"，但我的建议是去选后者，因为有些"牺牲"或许感人，但没必要。

也许你会有不解，既然两个人彼此相爱，在一起为什么会痛苦呢？因为生活不只有爱情，想经营好一段健康的恋爱，光靠相爱真的远远不够。相爱只能决定两个人能不能"在一起"，但不能决定两个人能不能"走下去"。好的爱情不仅需要"爱"，还需要差不多的三观、对同一事物的相似认知、畅通的沟通机制、共同生活的经济基础和健康基础。

举个例子,你和你的恋人很相爱,但是某一天你得知他其实背着几百万的债务,这个时候他向你求婚,你会选择和他结婚吗?或者当你正处在热恋期时,突然发现你的恋人患有某类精神疾病,平时对你非常体贴,但极易受到刺激,发病时还有暴力倾向,甚至控制不了自己对你大打出手,你会原谅他,然后继续和他在一起吗?再比如,你和他感情非常好,都曾经为对方做出过很大的牺牲,为了对方可以付出自己的全部。但只要一吵架就会互相攻击,用最恶毒的话伤害对方,肆无忌惮地摔东西甚至互相动手,发泄自己的情绪,你愿意在这样的模式中循环到老吗?

是,总有人会说"我愿意",总有人会选择"我接受",就像新闻上隔三岔五刊登的社会新闻里的主人公一样。但不到万不得已,我真的希望大家不要用为难自己、折磨自己的方式去换取"纯爱战士"的头衔。当在一段关系里感受到痛苦的时候,要记住这种痛苦的感受是真实的,是不能被忽略的,这段关系就是有问题的。

"相爱"不能抵消"痛苦",反倒是这种痛苦多存在一天,多发酵一天,这段关系就会多破裂一点,瓦解一点。你让一个本身就很痛苦的人如何去爱你呢?当爱情变成一种自我牺牲、一种担惊受怕、一种自我伤害，那么这段爱情存在的意义是什么呢？

　　不是相爱就一定要在一起，有些关系或许只有距离远一些才能让彼此幸福。

相爱时用足了真心，离别时就会最先得到救赎。
因为付出最多的人，故事的最后也会最早释怀。

SUMMER

夏

每个人的心里都会有一片海，而只有真心爱过的人才能真正涉足这片海域。祝你看过大海，然后爱上属于自己的漫流。

BU YAO ZAI XIANG XIANG DE AI LI CHEN LUN

等你有了喜欢的人，记得带他去看海

如果说，什么表白方式要比直接说"我喜欢你"更浪漫，那一定是带他去看海。

对于生活在非沿海城市的人，尤其是对我这种从小在西北地区长大的人来说，看海是一件极其遥远又奢侈的事。

其实，去看海很简单，只要一张飞机票，就能在一天之内带你抵达海边。那为什么说"去看海"听起来是如此浪漫呢？大概是因为去"看海"和去"旅行"不一样。

它不是精心策划攻略和行程只为值回票价的"特种兵式出行"，不需要疲于奔波在各个人山人海的景点绞尽脑汁地拍几张能发朋友圈的精致照片，如果说旅行的意义在于去看这个世界，那么看海的意义便在于静下心来看看你自己。

我们可以在海边找一处安静的地方，沙滩也好，礁石也好，能望到海面的一间咖啡馆也好，就这样懒懒散散地坐一整天。在看不到尽头的地方，我们才发现所谓的人生轨迹、生活空间，在自然的相比之下实在狭小。比起漂泊一生去看这个看不完的世界，抓住手里的幸福，去爱一个值得爱的人才会让我们的生命焕发与众不同的色彩。

每个人的心里都会有一片海，而只有真心爱过的人才能真正涉足这片海域。

祝你看过大海，然后爱上属于自己的溪流。

断过的绳子，怎么接都会有个结

两个分了手的人最后又重归于好，人们把这种情况叫作"复合"，叫作"破镜重圆"，叫作"重修旧好"，无论哪种叫法，都让人觉得这是一段可遇而不可求的佳话。可现实真的如此吗？

真实答案或许有些残忍。

其实大部分的"复合"都无非是两种情况——"兜兜转转还是你"或者是"挑挑拣拣只剩你"。

因为我始终相信，如果你真的很爱一个人也能感受到对方很爱你，那即便遇到再大的困难，异地也好，缺乏物质基础也好，父母反对也好，你也愿意付出十倍百倍的时间和努力去克服困难，是不愿放手的。

而能分手的人，要么就是有一方不爱了，要么就是看上去好像很相爱，但其实有人在说谎。这个世界上所有的离开其实都是蓄谋已久，当一个人决定放弃你的时候，他一定是站在自己的立场上做了方方面面的考虑和衡量。那一刻，在他心里，他一定觉得离开你会让自己过得更好，而只要对方有了这种想法，那他永远都不值得原谅。

还有一种情况是两个人分手并不是因为不爱了，而是在恋爱中遇到了彼此都不知道该怎么解决的问题。时间久了，这个问题就像一根刺一样扎在两人中间，所以理智分开。而对于这样的情况，只有把原有的问题彻底解决掉才能叫"和好"，不解决、不改变的话，只能叫"重蹈覆辙"。

所以，断过的绳子，怎么接都会有个结。

而一段重新被修补过的感情，也一样。

指责不会让人变好

如果你想让伴侣变成更好的人，最好的办法，就是去爱他／她。

其实，每个成人的内心都住着一个小孩。我们不妨试着转变思维，仔细想一想，对一个"小孩子"的成长来说，是打压式的环境更有益，还是鼓励式的环境更有益？

有时我会想，为什么越来越多的人开始"回避"恋爱，不愿意去主动追求异性了？其实，"回避"恋爱的背后，是对建立亲密关系的忧虑和不安，是害怕被否定、被伤害，是对自己是否能让喜欢的人"满意"的不确定。其实大多数人是愿意陪着自己的伴侣一起努力的，他们不是不能接受伴侣的"普通"，也不是不爱对方，但他们往往在表达方式上出现了问题，起了反作用。

所以，下次我们不妨把"你能不能有点上进心"换成"我们一起努力，生活就一定会越来越好"；把"你这算什么，别人比你累多了"换成"今天累了吧，晚上记得要按时吃饭早点休息"；把"你看别人的男朋友……"换成"我男朋友真好，又有耐心又体贴，这么好的男朋友去哪里找呀"。

对一个伴侣来说，指责不会让他变好，爱才会。

与"好"的人在一起，是对灵魂的最好滋养

你说，那个曾经辜负了你的人，他会不会在未来某一天突然发现，自己在年轻不懂事的时候因为任性错过了一个很好的人呢？是不是只有"失去"，才能证明一个人在另一个人生命中的重要性呢？

事实上，我们每一个人都无法做出自己认知范围以外的选择和决定。换句话说，如果一个人看不到你的优点，不懂得珍惜你的好，那就说明你的好在他的认知体系里也并没有多好，甚至他根本不会认为你的好是好，自然也就不会珍惜你。

就像你觉得两个相爱的人在一起就是会忍不住事无巨细地和彼此分享自己的生活和心情，但在对方的认知里，也许在一段关系里保持神秘感和独立空间才是最重要的。这样，你的大方和坦诚就会变成黏人和过界。再比如，你觉得和一个人谈恋爱就应该百分之百地坚定地选择对方，遇到问题尽全力去解决，但对方的认知可能是只要没结婚，我想和谁在一起都可以，不开心了就分手，不需要对任何人负责。这样一来，你的深情和专一就变成了卑微和纠缠。

当认知不同时，大多数情况下我们很难找到一个"标准"去判断谁是对的、谁是错的，且一个成年人的认知是在他漫长的成长经

历中形成,并反复被强化的。认知差异大的人在一起的后果,就是会源源不断地对彼此造成伤害,而伤害累积到一定程度,二人便会分开。

所以,那个曾经不珍惜你的人真的会在未来的某一天后悔吗?真正的答案也许并不如你所想,与其通过等一个人后悔的方式去证明自己的价值,不如花更多时间去增添自己的福祉。和一个能看到你的好的人在一起,才是对灵魂最好的滋养。

灵魂坦诚相见,才能产生共鸣

成年人的恋爱中,最稀缺的是什么呢?是想结婚的诚意,还是舍得花钱的大度,抑或是愿意花时间陪伴的耐心?但这些都不是最稀缺的,二十五岁以后的恋爱,最稀缺的是"坦诚"。

因为一旦过了二十五岁,你就会慢慢发现,身边很多人开始"为了结婚而恋爱"。这样并没有什么不好,只是在这个阶段你很难分辨一个人在你面前展现出的那些"好"到底是出于"爱情"还是出于"目的"。

成年人基本都懂得"等价交换"的道理,每一份付出的前提都是希望获得回报。所以对一个成年人来说,在一段关系里愿意花时间、花精力、花钱财都不算稀奇,这些只能说明对他来说这段关系还有存在的价值和继续的必要,他希望能在这段关系中得到自己想要的东西。他想得到的可以是疲惫生活中的精神寄托,也可以是一个拿得出手的结婚对象,或者是一个后半生能并肩作战的可靠"战友"……

而唯有"坦诚",是不掺杂任何目的的,也是对每一个成年人来说最难做到的。对一个人坦诚,意味着你愿意将自己的原生家庭、教育经历和感情经历和盘托出,意味着你可以在另一个人面前打开自己、剖析自己,即便是那些不堪的、失败的、错误的、滑稽的部分,也仍然可以毫无保留地展示在对方面前。即便这么做的后果是被嘲笑、被疏远也没有关系,因为你要的不仅仅是一段关系,更是能有人接受不完美的、真实的你自己。

或许比起被爱,被懂得、被理解才是最难的。而只有两个坦诚的灵魂赤裸相见,心灵的共鸣才有可能发生。

我们是彼此的那面镜子

任何关系都是相互的,爱情如此,亲情如此,友情也如此。

我们常说孩子是父母最好的"作品",一个从小被爱包围的孩子会具有更强的同理心,他们更愿意用"爱"来回馈这个世界。反之,一个从小被父母忽视、打压的孩子,往往会抱着怀疑、消极的态度去看待这个世界,与原生家庭的关系也不会很好。这便是人与人之间情感关系的"因果"。

如果一个人在恋爱里逐渐变得麻木、冷漠、不愿意付出,这不一定说明他变心了,很有可能是他在日复一日的失望中先感受到了对方的忽视和敷衍,从而选择放弃。其实人与人之间的交往就是彼此的一面镜子,你对我怎么样,我就对你怎样。你觉得三天不见没关系,那我觉得三个月不见也没关系;你没有以我优先,那我也没有必要把你放在第一位;如果有一天我变了,也许是因为你淡了……这不是计较,也不是赌气,这是在看不到任何回应和态度的时候能及时看清情势、认清关系,避免自己受到更大的伤害。

如果两个人能一直聊下去,靠的不是聊天的话题有多有趣,而是两个人同时都有一直聊下去的意愿。

而换位思考、以心换心,才是任何一段关系得以维持的底层逻辑。

被爱的时候，记得说谢谢

我常觉得，一段好的爱情，一定是需要一些"感恩之心"的。一个善良的人在感受到被爱的时候，第一反应其实是感谢和想回报，而"被爱"从来都不应该使人"有恃无恐"。

会有这样一部分人，在和一个很爱自己的人相处久了后，就会慢慢地以为被爱是一件理所应当的事，甚至觉得自己即便离开对方，也能轻而易举地找到一个更好、更爱自己的人。对这样的人来说，被爱似乎只是印证自己魅力的一种方式，他们会无限制地消耗他人的爱意，以此来确定自己在关系中拥有绝对的主动权和优越感。这样的人看似自大又任性，其实内心是极其不自信、急于被认可的。他们没有能量，也没有底气去输出"爱"，所以只能做那个爱情里的"小偷"。

一个在爱情里没有"感恩之心"的人，无论这个人本身具有多少吸引你的特质，都请你喜欢得"谨慎"一些。因为这样的人说白了就是自私，他们的内心有一个永远都填不满的大洞，无论你多么努力，多么倾尽所有，这个洞永远不会被填满，你也永远不会让对方真正地满意。因为在他们的眼中，自己永远配得上那个"更好的"。

或许真正的"爱自己"并不是把爱只留给自己，而是去爱一个同样愿意把爱回馈给你的人。爱一个人没什么了不起，但两个相爱的人在一起才值得向全世界炫耀。

异地恋是经不起争吵的

不知道你有没有发现，隔着手机屏幕的吵架，要比面对面争吵，攻击力至少强十倍。

在手机里针锋相对时，我们看不到彼此的表情，看不到眼泪，更感知不到彼此的情绪。那一刻我们面对的仿佛根本不是那个深爱的恋人，而是一个冷漠无情的对手。我们用文字充当武器，誓要在这块屏幕里论个高下、争个输赢。

可在手机里吵得再凶的两个人，一旦见了面，便只想拥抱，什么问题、矛盾都想不起来了。可当两个人再次分开，孤单再度来袭的时候，那些扎心的话，又会一字一句地一遍遍浮现在彼此的记忆里。

伤害只会随着时间流逝而遥远模糊，但它永远不会消失。它就像一张被揉成团的白纸，即便被展开、被反复熨烫，也永远不会恢复成最开始的样子。

那些恋爱里最直白的情话，多数是在手机里"说"出来的；而那些最伤人最恶毒的狠话，也多数是在手机里"打"出来的。不见面的日子放大了思念和爱意，也降低了伤害和背叛的门槛。

一段见不到面的恋爱就像一个先天就带着缺陷的婴儿，需要加倍的偏爱和呵护才能追上同龄人的脚步。异地恋是经不起争吵的，情绪上头时那些伤人的字眼一旦发送成功，伤害也就永远无法撤回了。

"爱人如养花"

很多人以为"爱人如养花"这句话的意思，就是一个女生遇到了一个非常爱她的另一半，对方对她温柔体贴、无微不至，让她可以活得既滋润又无忧无虑，打扮得越来越精致、气色也越来越好，看起来更是越来越有气质。所以在网络上，大家经常会在那些婚前婚后颜值变化很大、气质明显上升的女生的照片下留言：真是爱人如养花啊！

可这种变化的原因仅仅是因为"有人爱"吗？我觉得不是。

你要知道，真正有幸福能力的人即便不谈恋爱也可以过得很幸福，而那些依赖他人的爱和付出才能过得好的人本身就是不独立、内核不稳、很难幸福的。

所以我从不觉得那些在结婚后一下子变得漂亮又有气质的女生是因为得到了某个男人的爱才会如此，更何况关系的维系是需要双方经营和付出的，没有人能在一段婚姻里"坐享其成"，那些在婚姻里变美的女生同样也在婚姻里承担着她们需要承担的责任。没有人生来就是温室里被呵护着的花，每个人都有自己的人生功课。

我一直觉得"爱人如养花"的本来含义并不是让女生去做那朵"花"，而是让我们每个人都要抱着养花的心态去经营关系，浇筑真心，然后从中获得成长。当关系越来越融洽、婚姻越来越幸福、家庭越来越和谐的时候，也就是那朵花被养得越来越好的时候。在这样的状态下，人又怎么可能会不漂亮呢？

永远不要幻想会有人无条件地爱你、拯救你、给你幸福、让你变好，因为所有的爱都是相互的。只有当你在爱与被爱中始终保持清醒独立，在社会、家庭和自我之间找到平衡，在经营关系中学会如何爱自己，你才会进入理想中圆满的生命状态。

世上从没有"合理"的伤害

不要有意地去伤害一个人，永远都不要。

仔细回想一下，每当你感受到自己被伤害的时候，脑海里最先浮现的想法和动机是什么？是觉得自己很气愤委屈，想不通对方为什么要这么做，还是想质问对方，想和身边的人宣泄情绪，甚至还想过怎样能做出反击？

当这些想法产生时，我们正险些从"受害者"变成"施暴者"。因为当你以"受害"为理由去有意地诋毁和攻击一个人的时候，你就早已经不再是"受害者"了。

"受伤"不是一块"免死金牌"，它无法让任何"伤害"变得合理。在你感受到伤害时，不能排除对方不是成心来使你痛苦的，但也不能排除对方在伤害你之前也被你伤害过。一个故意去伤害别人的人，在他决定去伤害对方之前，一定是站在自己的立场上感受到了被伤害，而每个人对"伤害"的定义都是不一样的。就像有人觉得对方不回消息、态度冷漠就是在伤害自己，而有人就不认为这是一种伤害，会觉得这仅仅是证明了自己在对方眼中并没有那么重要，是时候提醒自己该及时止损了而已；有人会觉得对方先提了分手就是在伤害自己，而有人却觉得这无关紧要，感情不能勉强，有任何一方不爱了就理智放手，才是真正地爱自己。

所以即便你再委屈、不甘、痛苦，也永远不要去故意地伤害一个人，因为人永远无法在伤害和报复中得到快乐和释然，放下和自爱才会。

爱情，只发生于善良的人之间

爱情一定是需要"善良"的，一个人如果不善良，就永远无法拥有真正的爱情，永远不会真正地爱上谁。

如果一个人"不善良"，那意味着什么呢？意味着这个人永远不会为任何人牺牲自己的利益，任凭对方对他再掏心掏肺也不行。也意味着他不具备与人共情和换位思考的能力，或者说他可以换位思考，但他不愿意，因为换位思考这件事本身就是一种理解和让步，这对不善良的人来说是做不到的。对不善良的人来说，在任何关系中，索取永远比付出重要，自我永远比他人重要，利益永远比情感重要。

这个世界上的任何情感关系升华到一定浓度、一定阶段时，都会变成"心疼"。真正关心一个人的时候，就是会时不时地心疼他——心疼他吃得好不好，睡得好不好，怕他生病，怕他不开心，只要他受一点点委屈都会心疼不已。这种一个人对另一个人心疼的感受，是不善良的人终生都无法具备的。

如果说爱情有门槛，那么它最低的门槛一定是"善良"。现在很多人找对象的时候会列一长串的择偶标准——身材好、长得顺眼、有房有车、工作稳定、学历高……

可不知为何，唯独"善良"这一点却总是被忽略。

一个人自身再优秀，也只能说明这个人在过去的人生里很努力、很辉煌，这一切都与你无关，更不会因为这个人和你恋爱了就分给你一半的光环。在一个人自身具备的所有条件中，只有"善良"，才是真正决定你在这段关系中将会被怎样对待的最关键的品质。

鼓励才是爱，挑剔不是

你有没有遇到过那种"挑剔型"的恋人？

其实很多人对"被挑剔"这件事非常不敏感，因为这与我们一贯接受的教育形式有关。从小到大，无论是在家庭里还是在学校中，我们都在无条件地接受"挑剔",并且这些"挑剔"总是被冠以"为你好"的名义。当然,很多"挑剔"确实能在童年时期起到矫正行为的作用,但如果把这种模式代入到成年人的人际交往中,就很"危险"了。

为什么这几年突然特别流行一个词叫"PUA"(在一段关系中一方通过言语打压、行为否定、精神打压的方式对另一方进行情感控制)？因为所有人都能在这个词的含义中找到自己的经历。我们早在不知不觉中接受了太多的"挑剔"和"否定",且这些声音在很长的一段时间里似乎并没有让我们感到不适。

那为什么"PUA"总是会发生于恋人和父母身上呢？因为越是亲近的人,我们越是容易相信他真的是"为我好";而越是在乎的人,我们越是愿意保持顺从,以获得认可和偏爱。

但"挑剔"这个词本身就是一种否定,它与爱无关。

我们都不完美,都渴望变好,也渴望被爱。但一个真正爱你的人从来不会以"挑剔"的方式来使你"变好"。爱是即便看到了对方的不完美,也愿意以包容和陪伴的方式和他一起变好,是比起爱你的完美更爱你的真实,是永远尊重你的感受和个性,是体谅,是鼓励,是耐心,但唯独不是"挑剔"。

爱鸽子，就要让鸽子自由

无论你有多么爱一个人，你都必须让他自由。

人在强烈地爱着什么的时候，很容易把爱意和占有欲混为一谈，但这两者本身并不是一回事。小孩子看到喜欢的玩具，第一反应都是要求父母购买，因为"占有欲"本身就是人性中最原始的一种欲望和需求，这种需求只为满足自我而存在，它只利己，不利他。

而在"爱"里，"利他"的部分一定是远远大于"利己"的。

"爱"是动词，是不含任何算计和目的地去为别人做些什么，以成全他人的幸福。你可以去爱一条小狗，给它喂水喂饭，关注它的健康，带它去草地上撒欢，你在做这一切的时候一定不是想着未来的某一天，小狗能为你做些什么，你也不会要求小狗因为得到了你的恩惠就必须对你唯命是从。如果你真的爱小狗，那你所做的一切就只是为了能让小狗快乐。

"占有欲"是需要被克制的，因为慢慢地，你会发现，这个世界上一切有自主意识的生物都是无法被任何人占有和控制的。你无法左右一根藤蔓生长的方向，也无法让一棵大树在达到一定的高度后停止生长；父母无法永久地占有自己的孩子，就像你也永远无法完全占有你的伴侣，无论你有多么地爱他。你爱鸽子，所以怕鸽子受伤的你将它永久地关在笼子里，鸽子会在恨意和痛苦中过完一生，而你从占有和控制的那一刻起也失去了鸽子的爱。即便是一条家养的小狗，也需要属于自己安全而独立的空间，也有自己的想法和需求，你无法侵占，更无法剥夺。

占有和控制从来不是爱的附属品，那只是自私的人为了掩盖和美化自己的越界寻得的借口罢了。

比"分享欲"更浪漫的，一定是"探索欲"

如果一定要说有什么是比"分享欲"更浪漫的，那应该就是"探索欲"了。

"分享欲"和"探索欲"之间的界限其实是很模糊的。我们喜欢一个人时，就会在对方面前变得愿意分享——看到好看的风景会想拍给他看，听到好玩的事会想讲给他听，生活中一切认为美好的事物都会第一时间想到分享给他，想和他一起体验我的生活、我的世界、我的喜怒哀乐。

但"分享欲"同时也是需要一定回应的。换句话说，我在向你敞开自己的同时，也会热烈地渴盼着你能向我敞开你的生活，容许我去探索那个属于你的世界。

"我今天早上吃了豆浆油条，这家的味道还和以前一样好吃。"

其实后半句我想说的是：那你呢？你吃了什么？

"给你看今天的夕阳，真的好好看啊！"

其实我还想问：那你呢？你今天有看到什么好看的、有趣的事物吗？

没有回应的分享，就像坐在一口深不见底的井边，我不知道这口井有多深，下面究竟有什么。于是我往里扔了一颗石头，我把耳朵伏在冰冷的井沿上听了好久好久，但却没有回声。我不甘心，又扔了一颗下去，却还是没有一丁点儿声响。我很沮丧，但也真的好奇，可我总不能不计后果地纵身一跃，去井底看个究竟。所以，我离开了那口井，因为比起好奇心和探索欲，我还有更重要的事要去做，那就是爱我自己。

"探索"比"分享"更让人心动，而"回应"比"探索"更让人幸福。

别做乞丐

在恋爱里，一定要勇敢地表达"需求"，但尽量少提"要求"。

没有人喜欢被要求，即便是一个很爱你的人，也很难长时间处在一言一行都被你要求的状态里。因为要求本身就是一种居高临下的控制和驱使，是一种"你必须这样，否则将会面临严重后果"的压迫感，是一个人内心有缺口、无法在精神上自给自足、必须吸食他人能量的表现。

就像总有人在恋爱里会反反复复地要求对方去做某件事——要求对方在朋友圈公开恋情、要求对方每天早上必须发消息、要求对方告知自己的手机密码、要求和对方通完电话后必须让自己先挂，甚至要求对方删掉通讯录里的异性好友……

我们不必去讨论这些要求是否应该存在，因为我发现有不少"被要求"的人对这些"条例"倒也"甘之如饴"，甚至会想通过满足对方要求的方式来证明自己的爱，表明自己的决心。但需要用要求来证明的爱，真的健康吗？

那些被你宣之于口的"要求"，其实是你在恋爱里亲手递给对方的"小抄"。从你提出要求的这一刻起，你就剥夺了对方用自己的方式来爱你的权利。你用自己的需求和欲望将你爱的人画地为牢，强迫对方扮演一个你想象中的完美恋人。在你用要求去束缚爱人的同时，你也就失去了了解他最真实模样的机会。是你在图纸上为他画了一条捷径来赢得你的欢心；是你无法接受预料之外的爱情的样子；是你以爱的名义用居高临下的姿态在乞求对方的配合和让步；也是你亲手把自己变成了一个爱情里的乞丐和懦夫。

一段健康的爱情，一定是彼此的情感需求可以被同时满足，是任何一方都可以在关系里轻松且真实地爱着、活着。

爱是及时的沟通，是自由的表达，是默契的理解，但从来都不是冰冷的要求。

懂你的人，才配得上你的好

在你很爱一个人，但还没有完全了解这个人，不确定这个人值不值得你去爱的时候，不要给他太多的爱。因为对有些人来说，爱就像商品，数量上升后，价格就会下降。

这里有一个重要的前提，那就是"当你还没有完全了解这个人，不确定这个人值不值得你去爱的时候"。如果是两个真诚的人双向奔赴，那你完全可以放心大胆地去付出自己的全部，因为这个时候的你很确定你付出的每一分真心都一定会获得相应的回应，你付出十分就会得到十分甚至更多的回馈。这种热烈的回应会让你在下一次付出时更加全情投入，彼此的爱意在这样的良性循环中完成了流动。

就像有人会问——我可以为了喜欢的人改变自己吗？在感情里，"为爱改变"和"坚持自我"的界限又在哪里呢？

回答这个问题其实很简单，你只需要观察你的"改变"为你们的关系带来了什么？

如果你迎合了对方的需求，改变了自己，对方也看到了你的改变，很感激你为了这段关系所做出的牺牲，也愿意为你做出一些改变，来让关系越来越好，那么你的改变就是正确的、值得的。但如果你在做出改变后，这段关系非但没有变得更亲密、更融洽，反而让对方有了更充足的挑剔你的借口，而且对方从不认为自己有任何问题，不愿为这段关系做出任何牺牲和改变，却无止尽地向你提出新的不满和要求时，那么你的改变就是无价值的、不公平的。

爱一个人也需要"见机行事"，你的爱很宝贵，只有懂爱的人才配完全拥有。

他怎么爱别人，就会怎么爱你

很多人会在谈恋爱时对"前任"这个话题避而不谈，总觉得聊起来会让彼此尴尬、不舒服。但其实想知道一个人对恋爱关系的认知、对另一半的态度，只要往"前"看看就知道了。

一个人的三观其实是非常稳定的，这其中包括他是怎样看待感情，另一半在他心里的分量有多重，还有他在人际交往中的品行如何，会不会为了一己私利去伤害他人……这些都是一个人人格中非常稳定的部分和因素，这些部分不会因为交往对象的更换就发生扭转和改变。

打个比方，一个曾在感情中背叛过另一半的人，一定是在内心深处就认为自己是可以这样去做的。因为在他的认知里，即便是处在恋爱关系里的两个人也可以随时因为遇到更喜欢的人而抛弃对方，而朝夕相处的爱人之间可以不必完全坦诚，欺骗和算计也可以存在。那这样的人，即便重新进入到一段新的亲密关系中，即便他很喜欢对方，对方也真心对待他，但终有一天他照样会"故技重施"。因为对他来说，"背叛"不是一种"选择"，而是一种可以自圆其说的"认知"，是刻在骨子里的一种"属性"。

"前任"在恋爱里是一个信息量非常大的话题，透过这个话题是可以非常迅速且直接地了解一个人的。但这也是一个很有风险的话题，不少情侣在谈到这里的时候都会生出种种不快。因此，大家一定要谨慎讨论这个话题，且在你决定发起这样一场对话之前，至少自己要做好心理准备，反问自己，我可以客观而理智地去接受他以往的感情经历吗？我有勇气去处理这次聊天过后可能会发生的矛盾和问题吗？我可以坦荡地向对方谈及自己的"前任"吗？

如果这些准备你都做好了，那么就大胆地去谈"前任"吧！因为他在过去会怎样爱别人，就会在今天怎样爱你。

"为什么就是不听我的呢？"

这个标题来自一次直播连麦时，一位男粉丝对我发出的提问。

他和我说，他的女朋友一直有肠胃方面的疾病，可总是不按时吃饭。他出于担心，会经常发消息提醒女孩，可女孩非但不领情，还嫌男孩太唠叨，不理解自己有多忙、多累。

"连医生都说她必须要按时吃饭，可她为什么就是不听我的呢？我还应该继续和她在一起吗？"他这样问。

我当时给他的回答是:"你现在设想一下,如果她以后都不会接受你的建议,会一直不计后果地挥霍自己的健康,你愿意接受这个现实,陪伴她,照顾她,为她的疾病负责到底吗?如果你愿意,那就继续在一起。如果不愿意,那你们大概率就是不合适的。如果你寄希望于对方的认知和习惯能在未来某一天朝着你期待的样子发生改变,那你就是在同时使两个人都陷入痛苦。"

亲密关系里有一个残忍的真相,那就是所有的好与不好都是由主观因素决定的。你觉得你对他好是没有用的,只有他也觉得你的好是一种好时,那这个好才成立。

简单点说,一个人对你好不好,取决于他有没有满足你真正的需求。你就是不爱吃香菜,可是你身边有一个"香菜爱好者"反复地向你强调吃香菜的好处,指出你不吃香菜的种种弊端,还把香菜拿到你面前非要看着你吃下去,你会觉得他是在对你好吗?

我们每个人都只能为自己的人生和选择负责,而我们的任何价值判断和认知也仅在自己的人生中有效。爱不是改变一个人的理由,爱是全盘接受,是允许对方在自己的意愿之外活着,是心甘情愿地为另一个人的人生分担责任。

如何忘记一个人？

遗忘本身是不需要学习的，它是人类与生俱来的一种天赋。可越是执着于"如何忘记一个人"，恰恰越是在强化这个人对你的影响，加深了和他有关的记忆。

就拿我自己来举例吧，我从来没有在分手后删除过前任的照片和微信，也没有丢过前任送的礼物，即便对方做过伤害我的事。这是因为我一直觉得，清理照片也好，丢掉礼物也罢，这些都是非常简单且"形式化"的告别过去的方式，即便做了这些，我也无法保证自己不会再因为想起过去的人和事而感到迷茫和痛苦。

相反，对我而言，这些过去的"遗留物品"是我测验自己伤口"愈合进度"的"试剂"。每次在翻相册时不小心看到和前任相关的照片，我都会体察自己在当下的情绪波动和想法，直到发现面对那张面孔，我似乎再也没有任何的情绪波动之时，我就会对自己说："好了，恭喜你已经彻底痊愈了。"

当然，对有的人来说，做情感"大扫除"确实能在很大程度上缓解分手初期的焦虑和不安。其实只要可以让自己感到舒适和轻松，大家大可以这样去做。但如果你和我一样，即便做了情感"大扫除"

也完全无法减轻某段记忆给你带来的负面影响，想忘记一个人却又无能为力的话，那你一定要记住——最快的遗忘，是从不刻意去遗忘。

你不必为了遗忘去做任何努力，你只要按时吃饭，按时睡觉，做好那些你生活中必须要去做的事情，那么遗忘就必定会发生。

离开错的人，就会遇见更好的自己

相信我，当你鼓足勇气、用尽全力说服自己彻底离开一个不适合自己的人，离开一段消耗你的关系时，你的人生一定会很快迎来一个"高点"，获得一次"阶梯式"的成长。这不是玄学，这是事物发展的必然规律。

如果一个人长期处在一段不健康的关系里，那他会在不知不觉中流失自己大量的能量，并很难发自内心地开心。他会对原本喜欢做的事慢慢丧失兴趣，生命力、行动力也都会慢慢减弱。和一个让你感受不到爱的人在一起，爱一个等不到回应的人，时间久了你也会开始质疑自己——是不是我太差劲了？是不是我不配得到爱？是不是我付出得还不够多所以才没有感动到对方？

这些负面消极的想法和认知都在一点一点磨灭你身上的光，消耗你的勇敢和自信，吞噬你在学业和事业上的创造力和专注力，死死地拖着你人生的后腿。

其实绝大多数的人是可以判断一段关系是否健康的，因为没有谁能比处在亲密关系中的人更清楚身在其中的感受。但并不是所有人都拥有及时止损的魄力和勇气，及时止损是一件很反"人性"的事，这意味着你必须要直面和接受自己不被爱、不被尊重，甚至是被欺骗、被背叛的事实。要强迫自己放下所有的不甘心，舍弃一切"沉没成本"，迎接"戒断反应"即将带来的一切生理和心理层面的不适，例如：失眠、食欲不振、干呕、头晕、浑身酸痛……而熬过了这些考验的人，都不是"等闲之辈"，都是具备一定的自律能力、情绪控制力、理性判断能力和独立生活能力的人。这样的人一旦从一段"拖后腿"的关系中解脱出来，势必会在往后的人生中创造出属于自己的独一无二的价值，迸发出无限的激情和热忱。

所以永远不要有"离开他我会不会找不到更好的了"这样的想法，你不一定遇不到更好的恋人，但你一定会遇到更好的自己。

不要试图拯救一个自卑的人

我建议，大家尽可能不要和自卑的人交往，更不要试图去"拯救"一个自卑的人，不管你有多爱他都不要。因为和一个内心极度自卑的人长时间、近距离地交往，在某种意义上来讲，就是在一点一点地品尝他人的痛苦，允许自己被拖拽进那个陌生而阴暗的深渊。

这里我们讨论的"自卑"并不是指"自我怀疑""自我反省""不自信"这些性格碎片，这些是大部分人都会在生活中遇到的问题，并不会对身边的人造成伤害和攻击。

"自卑"和"不自信"是有着本质区别的，"不自信"是当一个人清楚地看到了自己的缺点和不足，承认自己的不完美，面对世界时持有怯懦、试探且不确定的态度，这叫"不自信"；而"自卑"更多的是指一个人受教育经历和成长环境所影响，形成的一种畸形"认知"，在这种认知的作用下，人会很容易做出非常多的伤害自己和伤害他人的行为。

就像为什么社会上总是会存在一部分"仇富"的人，他们会无差别地攻击每一个在他们眼中看来很有钱的人，即便他们与被攻击的对象并不认识，对他人的真实生活也并不了解。有时候，不过是在你过生日时,你的父母送了你一台你期待已久的新款游戏机,你感到很幸福,所以拍下照片,发到了社交平台。但即便仅仅是一个分享幸福的行为,却仍然会有人说你是在"炫富",嘲讽你生活"奢靡",恶意揣测礼物的出处,并质疑你的家庭收入来源。

因为人一旦自卑就必定会失衡,一旦失衡就必须要去说点什么、做点什么来找回平衡。而对于一个自卑的人来说,最快捷又让自己感到最舒适的平衡方法就是"打压他人""否定他人""试图让他人比自己更自卑"。

自卑的人一定是带有攻击性的,且大多数自卑的人即便意识到自己的攻击行为,也绝不会承认甚至道歉,因为他们一旦否定了自己行为的合理性,"平衡"便再一次被打破了。

不是看起来优秀的人就不会自卑,也不是物质条件差的人就一定会自卑。自卑从来都和财富、学历、样貌无关。自卑是一种认知,当一个人因为自卑而攻击他人的时候,自卑就涉及了"人品"。所以,我们尽可能不要和自卑的人建立亲密关系,也不要以为只要你付出得够多就可以改变他、感动他。我们要尽量去靠近、去成为那些人格独立、内心富足、对自己有清醒认知、懂得尊重他人的人。

感情这件事，只有你说了才算

如果你真的很喜欢一个人、很爱一个人，可是你最好的朋友和你说你们不合适，或者你的父母觉得你们不合适，你会怎么办？

是直接放弃吗？不，你不会的。

你会向那些不认识、不了解他的人一遍遍地解释自己为什么会选择这个人，他有什么吸引你的闪光点。你会找到朋友和家人不满意对方的点到底是什么，然后去比对、去验证、去试着消除。但你一定不会直接按照朋友和父母的意愿不假思索地站在他的对立面，去指责、去分手。

很多人谈恋爱谈到最后会因为"父母不同意"这个理由分手，而被分手的人会把这份遗憾归于"他爸妈对我不满意""他家嫌我学历低""她什么都听她闺密的"……这些理由上。但事实上，是你太高估对方家人和朋友对这段关系的影响力了。他愿意听他朋友的，是因为他想得和他朋友说的一样；他父母对你不满意，是因为他心里对你也没有那么满意。当一个人的行为被他人的意见所左右时，那他一定是对这种意见和判断是接受的、不反对的；他说他拗不过父母，只不过是他不想成为那个为关系破裂承担责任的人。

所以，如果两个真心相爱的人最后分手了，只有一个原因，那就是其中一个人比起爱对方，更爱自己。先放手的人不一定是因为不爱了，提分手的人照样也会痛苦，但对他来说，生命中多得是比爱你更重要的事。

你不能说他坏，也不能说他有错，只能说你们曾经是一拍即合的伴侣，但从现在开始，你们不顺路了。

感情可以培养吗？

关于这个问题，的确是值得深入探讨的。

这并不像"一见钟情还是日久生情"这种二选一那么简单，因为如果感情可以培养，那意味着彼此一开始对对方没有好感和爱意的两个人，通过时间的沉淀和经历的加持，也是会产生感情的；意味着两个没有任何感情基础的人只要被强行"绑"在一起，被迫共同经历一些喜怒哀乐、悲欢离合，就可以产生深厚又牢固的感情。

但事实是这样吗？我觉得是这样的。

并且我相信，真正经得起考验的感情，一定不是靠荷尔蒙和多巴胺"碰"出来的，一定是靠时间和共同的经历"养"出来的。

其实对于感情，尤其是爱情，每个人的理解都是不一样的。有人觉得爱情是极致的快乐和极致的痛苦纵横交替，一定要足够刻骨铭心；有人又觉得好的爱情是"不折腾""不心累"，是为原本就疲惫辛苦的人生找一个可靠又安全的伴侣；也有人觉得爱情应该是不经过理性思考的、不计后果的、奋不顾身的。有人把爱情看作一种"感觉"，有人把爱情看作一种"关系"；有人觉得好的爱情是旷日持久的心动和浪漫，也有人觉得爱情的最高境界是近似亲情的踏实信任和类似友情的肝胆相照。

所以，这个问题本身就没有标准答案。因为你想要的"感情"和我所认为的"感情"也许根本就不是一回事。但我们可以确定的是，无论是"培养"出的感情，还是"碰撞"出的感情，都需要花费漫长的时间去经营，甚至漫长到需要你花费一辈子的时间，去摸索、去发现。

在漫长的人生里，时间、经历都不一定能培养得出感情，但它们一定可以检验一段感情。

慎用同理心

在人际交往中,我们往往会认为一个人如果"具有同理心",对于经营关系而言应该是"加分项",因为"具有同理心"似乎就意味着"善解人意""懂得换位思考""善良"或者是"好说话"。但如果你是一个"太过于"有同理心的人,那你就要"小心"了。因为人如果太过共情他人,就会丢掉自我。

为什么很多女孩子在恋爱里会有"圣母"情结?明明被"渣"了很多次,还是要反反复复地回头原谅?为什么有的男孩子喜欢上一个人就总是想去"拯救"对方?明明对方不珍惜你的付出,无视你的真诚,可你就是要不停地挂念她、关心她,以"为她好"的名义一次次靠近她?

这一切都是因为你的"同理心"太过泛滥了,你一次次地把自己代入到对方的角色里,你品尝着他的感受、他的渴望、他的痛苦、他的需求,你为他一切的所作所为找到了你以为正确且合理的解释,即便他真的做了什么坏事、伤害了什么人,这些行为也都可以在你这里自圆其说,你全盘接受且感同身受。从那一刻起,你就是他,你忘了你自己。

富有同理心是一项很宝贵的品质，但当同理心被"滥用"，它便不再值得歌颂。我们与外界建立共情的目的是让关系更健康，让社会更和谐，让世界更美好，而不是让自己更卑微，让伤害更持久，让一部分人无情无义得更理直气壮。

爱自己，才是上上解

真的有人不需要爱情吗？这答案是"当然"。

爱情本来就不是人类生存的"刚需"，也不是所有人都需要爱情且必须拥有爱情。

有的人一辈子都不曾真心爱过谁，但他可能依旧很幸福，也很满足。但需要注意的是，如果你是一个渴望爱情且有着很强的情感需求的人，那么请一定要警惕且远离那些不需要爱情的人。

过好自己的生活，爱自己，才是上上解。

真正的爱，一定发生于不完美

有很多人不想谈恋爱、不敢谈恋爱，是因为觉得自己还不够

"完美"。

比如当下的自己还没有一份稳定而体面的收入,还没有赚到足够多的钱,买不起好房好车,性格还不够好,思想还不够成熟……总之,他们认为自己还并未成为那个"理想化"的自己,他们害怕在择偶市场中被否定、挑剔、淘汰,他们担心自己无法匹配自己喜欢的人,他们相信只要有一天自己更"完美"了,才能拥有幸福而圆满的恋爱和婚姻。

可事实真的是如此吗?

如果幸福的前提是更"有钱"、更"成熟"以及拥有更高的"社会地位",那么满足这些条件的人就真的全部都是幸福的吗?

很显然不是。如果只有足够"完美"才能得到自己喜欢的人,那么如果有一天你如愿以偿地变得事业有成、成熟稳重,那个曾经因为你的"不完美"而抛弃你的人,你还会回头来追求吗?如果此时他反过来追求你,你还会愿意和他在一起吗?答案是你不会。这不是因为你的眼光提升了,而是你心里很清楚,他爱的从来都不是你这个人,而是一个所谓的"完美人设"。他从未在意过你的那些善良、真诚、勤奋、努力,他并不关心你经历了怎样的艰辛和磨砺才走到今天,他只关心你能给他带来怎样的价值和好处。

所以，不要相信"人只有变得完美才能得到好的爱情"这样的理论，更不要认同所谓的"人只要有了钱，什么喜欢的人得不到"这样的说辞。靠"完美"吸引来的关系是最"脆弱"的，一旦有一天，你没有那么完美了，你满足不了对方的价值需求了，你就再也留不住你喜欢的人了。

或许比起"完美"，更重要的应该是被看到，被肯定，被尊重，和被爱。

沉默是最后的底牌

总有一天你会发现，在任何一段关系里，任何一种情况下，比起发脾气、批评、吵架、拉黑、删好友更有力量的、更能帮你解决问题的，是"沉默"。

这里的"沉默"并不是说要去使用"冷暴力"和"冷战"去裹挟对方，我说的"沉默"是当你面对伤害和攻击，不知道该如何反击时；面对矛盾和冲突，不知道该怎样处理时；当你产生一系列的复杂情绪，又无法化解时，最为安全和稳妥的一种"策略"。

举个例子，某一天你和恋人之间发生了一点小摩擦，对方一气之下提了分手，你怎么试图沟通都没有用，给对方打电话，对方不接，发消息也不回，你接下来会选择怎么办呢？是继续无休止地道歉，追到他家去找他，通过他的朋友和家人帮忙去挽留他，还是直接答应分手，然后进入失恋状态？这些显然都会让你的生活进入一种极不稳定的、情绪化的状态中，且对解决事件起不到很大的助益作用。

而我的建议是，当你在关系里走进"死胡同"，做什么都很"无力"的时候，不妨选择"沉默"吧。这个世界不是"非黑即白"的，放在一段关系里也一样。两个人在一起不是只有"如胶似漆"和"形同陌路"两种状态存在，我们要允许关系在面临一些考验时会进入相对不确定、不清晰、不稳定的阶段，这个阶段或许很长，或许很短。而当我们处在这种阶段的时候，我们要做的不是急于去下一个"定论"和"结果"，而是去接受这段关系当下最真实的状态，允许这种会让人"不确定"和"不安"的阶段存在，允许一切已发生的事实存在。当你接受了，也允许了，你就会发现，其实这段关系无论最后发展成什么样，都不影响你继续好好生活。

"沉默"不意味着对待关系"消极"，我反而觉得这对于处理问题来说是一种"积极"。"沉默"有时是一种"顺应"；是在对方态度消极又回避时做出的一种"配合"；是充分尊重对方的想法和选择；

是对待感情不强求、不偏执；是在对方发出攻击和伤害时及时地自我保护，不针锋相对，不争一时的高低；是在关系不稳定时将表态的权利大大方方地交给对方；更是沉得住气，将目光放得长远。

所以"沉默"不是"王牌"，但永远可以成为你的"底牌"。

感情里要多问凭什么

在任何关系里，保护自己最有效的方法就是多问问自己"凭什么"。

为什么很多人在结束一段关系时会非常痛苦，好像自己受到了非常大的伤害，很长一段时间都走不出来。因为大多数情况下，你已经在这段关系、这个人身上投入了非常多的成本，而投入后，你才发现自己的付出不仅没有得到回应，反而换来的是无视，是背叛，是不被尊重。

当然，人与人的关系本身就是存在风险的，每段恋爱都有发生伤害的可能。但如果你学会多问自己"凭什么"，你就会发现其实很多伤害是完全可以避免的。

举个例子，如果你喜欢上一个人，想对他好，你可以先主动去付出一分或者两分，但不能一出手就是十分，因为"凭什么"。如果你付出两分，对方回应了你一分，那你就可以再付出一分或两分；如果你付出两分，对方却没有任何回应，你怕自己诚意不够，所以又付出了两分，结果对方还是没有任何回应，那么请你立刻停止付出，因为"凭什么"。

这不是斤斤计较，也不是自私，这是在勇敢和自爱之间取得的最佳平衡。

你可以主动，但不能毫无保留、不求回报地一意孤行，除非你已经做好了失去一切的心理准备，除非你不会在那一天到来时感受到伤害和痛苦。

"自卑"的人无论遇到谁都会"自卑"

不知道你们有没有遇到过那种"极度敏感型恋人"，就是你随口说的一句话经常会被对方反复解读，甚至延伸出许多复杂的含义，无论你怎么解释都没办法改变对方的想法。

当你合理地表达自己的情绪和想法时，对方会解读成"指责"和"打压"，甚至会觉得是你"看不起"他。然后你便开始反思自己，反思自己每句话的语气和表达方式，试图改善关系，结果却发现无论你怎么做，对方始终会把自己放在弱势的"受害者"角色上，你需要不停地解释，不停地道歉，但问题始终得不到解决。

其实"敏感"和"自卑"从来都不是"反应"，而是一种"人格"。换句话说，一个自信的人不会因为他人的一句话、一个表情、一个动作就变得自卑，开始自我怀疑。而一个自卑的人也不会因为你不停地解释、安慰、鼓励就变得自信又坦然。

所以，不要试图通过小心翼翼地"哄着"一个人来帮他建立自信。否则你只会在这个过程里被对方卷入自证的旋涡，陷入无穷的内耗。

当然，我并不是说自卑和敏感的人是不值得被爱的，是他们必须明白，人生中有些功课必须自己独立完成，任何人都没有义务帮他们"打小抄"。人只有先认识自己、接纳自己、爱自己，在精神上独立，才能和他人建立真正平等又健康的关系，才能有尊严、有安全感地被爱。

尊重比爱重要得多

两个人想长久地一起走下去，光靠"爱"真的远远不够。

"爱"太抽象了，没有人能说得清"爱"到底是什么。"爱"可以让人短暂地失去理智，它让人快乐、兴奋、骄傲、满足，也让人嫉妒、愤怒、不安、痛苦。光靠"爱"来支撑的感情，随时都会分崩离析。

其实在任何一段关系里，"尊重"都要比"爱"，比"感情"重要得多。很多人都会在关系里无意识地"以爱之名"做着逾越"边界"的事情，比如强迫对方认同自己的观点、接受自己喜欢的事物，要求对方按照自己想象中的方式来相处，以"为你好"的姿态操控对方的人生选择、否定对方的想法和认知、打击对方的热情和积极性……

而失去了"尊重"和"边界感"的"爱"注定"短命"，因为一段健康的关系从来都不是打着爱情旗号的精神霸凌，好的爱情应该是两个人可以同时在关系里感到松弛和舒适，可以平等而自由地表达自己的想法和情绪，我们不一定会互相认同，但一定会互相"尊重"。

有时候，我们越是爱一个人，就越是容易忘记"尊重"。尤其是当你无法控制自己的占有欲和控制欲时，你会无限放大自己的需求，忽略掉对方的感受。就像有的人在恋爱时会热衷于"教"对方如何来爱自己，并持续输出：自己想要什么、喜欢什么、讨厌什么、不能接受什么……却很少去问对方：你想要什么？你喜欢什么？你讨厌什么？你不能接受我做什么？这个常常被忽略的后者，才恰恰是关系经营中最关键的部分。而在强调"我想要什么"之前先去接受"他有什么"，这个就是关系里的"尊重"。

"尊重"比"爱"难得多，它是我们需要用一生去学习的课题。

冷暴力只有零次和无数次

不要抱着"他以后会改的"这样的心态去接受一个惯于使用"冷暴力"的恋人——他不会改的。

什么是冷暴力？是当他和你在一起感受到不舒服、不开心时，选择用"沉默""消失""一言不发地转身离开"来"惩罚"你，发泄自己的不满，即便他的情绪不是你造成的，他仍然会用这种无声的精神暴力来发泄自己的情绪。他会若无其事地继续自己的生活，任由你不停地发消息、打电话，看着你着急、崩溃、伤心欲绝。他不会和你共情，他只会将自己所有的行为用一句"我只是想一个人静静"轻飘飘地一带而过。而在你一次又一次的坚持之后，或许你们会和好，会短暂地打开心门，说出彼此内心的想法和需求。你会告诉他你有多么无法忍受"冷暴力"，他也许会答应你"以后不这样了"，但相信我，"冷暴力"是很难彻底"戒掉"的。

因为"冷暴力"其实是一种"认知"、一种"思维模式"、一种根深蒂固的"行为习惯"。你要知道，如果是一个真心爱你、害怕失去你、想和你认认真真地长久发展的人，是一定"不敢"对你使用"冷暴力"的。即便他有时也需要独自思考和消化情绪的时间，但他也一定在记挂你、担心你，换位思考你的想法和心情，会在调整好自己之后第一时间来和你沟通、解决问题。即便他是一个不善表达的人，也会想尽办法用最笨拙的姿态向你袒露自己的真心，因为他知道，如果不这样做，他可能就真的失去你了。

而那些在恋爱中惯于使用"冷暴力"的人，他们是不会有这些心理活动的。你以为他是在忍着不想你、不找你聊天，其实他的生活里早就已经没有你了。他可以心安理得地继续自己的生活，去和朋友玩、去打游戏、去刷视频、去上班、去上学，他才不会和你一样难过，因为在他心里，谈恋爱不过是让自己快乐的一种手段，而恋爱若是无法给他带来想象中的快乐，甚至还会徒增烦恼的时候，他就会选择其他手段让自己快乐。他不怕失去任何人，唯独不能失去快乐。所以，一个惯于使用"冷暴力"的人是不会改的，因为这个世界上没有人能源源不断地向他输送快乐。

所以，如果你不能接受"冷暴力"，那么请在第一次遭受"冷暴力"之后不要再继续报以期待了。如果你很在乎感情，那就去和一个同样重感情、害怕失去你的人在一起吧，因为"冷暴力"只有零次和无数次。

不公开的恋爱，还有必要继续吗？

关于"谈恋爱该不该在朋友圈公开"这个问题，网络上的讨论度一直都很高。绝大多数观点认为谈恋爱一定要在朋友圈公开，最好是"全部可见"，否则多少有点"有所保留"甚至有"吃着碗里的，看着锅里的"的嫌疑。

其实谈恋爱要不要在朋友圈公开这个问题，从来都没有标准答案或者统一的操作范本。要不要去做、要怎么做其实完全可以依据你自己的"心情"。如果你在某个瞬间感到了前所未有的幸福，你想把这种极致的快乐记录下来，分享出去，像艺术家一样洋洋自得地展示自己最引以为傲的作品，那就去"公开"吧，去勇敢地表达爱意，别顾虑太多，这些表达也是你在体验爱与被爱的过程中重要的一环。

如果你在以往的感情中受到过伤害，你需要大量的时间和共同经历才能在一段关系中获得归属感和安全感，那么不"公开"也没有关系。我们所说的"公开"不应该是恋爱中一个人对另一个人的"要求"，不该是为了"表忠心"而不得不服从的"道德绑架"。它仅仅是一种"表达"，是感情发展到某个阶段时其中一方愿意以这种形式来表明自己的坚定和真诚，它是"礼物"，而不应该是必须支付的"代价"。

如果你爱一个人，就永远不要"要求"对方在朋友圈"公开"，这样就失去了"公开"原本的意义。而是在给他说"我爱你"的自由的同时，也给他不这么说的自由。

你可以爱上他身上的任何东西，除了优秀

你可以因为一个人的善良、努力、诚实、有耐心、尊重人、孝敬父母而爱上他，但永远不要仅仅因为他多才多艺、学历高、条件好、工作能力强就爱到不可自拔，因为一个人的"优秀"是最与你无关的东西。

因为一个人的"优秀"而爱上对方，其实有点像"追星"的心态。曾经有个男生给我留言，说他被"断崖式分手"后，三个月都没走出来，就是因为他觉得自己再也找不到比她更优秀的人了。我很好奇地问他那个女生是有多"优秀"，他说她的工作能力非常强，与领导和同事的关系也都处理得很好，她的职位和薪资现在都比他高，她独立、理性，是他见过的最优秀的女生。

这几点真的足以见得女生很优秀，但不知道为什么，从他的描述里我并没有感受到这个女生有多么让他心动，也没觉得这段感情有多么令他感动或惋惜。我只看到了一个怯弱又不自信的男孩，正在孤独地仰望着自己的偶像。一个优秀的人一定是有很多优点的，比如做事果敢专注、有毅力、有恒心、聪明、自律、情绪稳定……这些优点足以让任何一个资质平平的"普通人"敬佩和崇拜，但这种"崇拜"和"爱"从来都不是一回事。因为"崇拜"是一个人单方面产生的情愫，而"爱"是需要互动的。崇拜不会产生爱，但互相崇拜可以。而你欣赏他这不叫爱情，他也欣赏你这才叫爱情。

所以，不要抱着"追星"的心态去狂热地爱一个人，你应该去爱一个值得你去爱的人、一个能让你看到自己的价值的人，而不是去爱那个让你愈加觉得自己渺小又无能的人。也许你会觉得对方能激励自己进步,和对方在一起可以让自己变好,这的确是没问题的,但这一切有个前提,那就是你崇拜的那个人也在以同样的热情爱着你,否则这段关系从一开始就是不平等的。因为你的价值是被忽视的,甚至是被否定的,那在这样的状态下你怎么会变好呢?

别人的优秀和闪光点永远是别人的,只有那些让你感受到被爱、感受到幸福的部分,才是真正与你有关的。

处理关系,有时需要适当摆烂

处理人际问题,尤其是谈恋爱时,是一定需要一些"摆烂精神"的。换句话说就是不强求、不用力过猛、不执着于结果。

很多人谈恋爱遇到问题或是发生矛盾以后会非常焦急,不停地向身边的朋友、同学、同事、家人求助,要么就是找各种各样的"情感大师"咨询,有的还会找到对方的朋友、同事、同学,"声泪俱下"地请求对方为自己说些好话,用尽了各种能想到的办法,只求能和对方重归于好。

但在大多数情况下,如果一段感情真的到了其中一方决绝地想要离开,彼此之间连沟通都无法进行的时候,这些"病急乱投医"

的解决方案是无法帮你解决困境的，甚至有可能让两个人的关系变得更糟糕。而真到了这一天，其实"摆烂"才是面对问题的最佳方案。

"摆烂"并不意味着对待关系态度消极、无所谓、不在乎，我反而觉得这是在尊重"关系发展的客观规律"。你要知道，即便我们解决问题的能力再强、态度再积极，我们也必须承认人与人之间不是所有问题都是可以被"解决"的。所有人在进入一段关系之初，都是开心、乐观、充满希望的，我们希望接下来的每一天都能像眼下一样快乐又幸福。

但希望仅仅是希望，只有时间、共同的经历，还有那些被时间缩短的距离才能让我们看到这段关系里到底有没有问题，有多少问题，是可解决的问题还是不可解决的问题。就像你去商店里买盲盒，每个人都希望自己可以刚好买到最喜欢的款式，但同时也必须要接受拆到自己不喜欢的款式的可能。当后者发生时，我们要做的不是去想尽办法把不喜欢的款式改造成自己喜欢的那一款，也不是找老板"吐苦水"，说自己有多喜欢另一款，请求老板给自己换货，也不必心疼自己花掉几十块钱却没有换回心仪的产品。因为你从一开始就知道的，你买的是盲盒。你要做的是允许结果不如你意，是接受自己的付出没有得到想要的回报，然后果断离场，或者等你有钱了再"重开一局"。

当你学会在感情里"摆烂",学会接受任何关系中的任何可能,你就会发现,其实我们决定不了谁的去留,但能主宰属于自己的人生。

"高开"注定"低走"

这个世界上的一切事物都有属于自己的运动和发展规律,恋爱也一样。

我总觉得人与人之间的关系都是有"生命"的,就好比恋爱中心动、犹豫、表白、牵手、接吻种种过程,就像一株植物从发芽、破土、开枝、散叶、开花一样,尊重生命的规律,它才会长得越来越好。如果你们在还没有成为男女朋友的时候就做了男女朋友之间的事,破坏了关系原本的"生长规律",那么你们大概率很难发展成真正的男女朋友。

我当然知道,有的情侣一开始"不按套路出牌"照样可以在一起很久很久,毕竟谈恋爱的关键还是要看"当事者"的感受,每个人的感情观也千差万别。但"能在一起"并不意味着这段关系"没有问题"。在确定恋爱关系之前就发生身体接触,牵手、接吻甚至发生性行为，对关系而言一定是有"隐患"的，影响最直接的就是"第一印象"。

荷尔蒙上头的那一刻彼此都不会想那么多，只觉得两个人距离越近越好，黏在一起越久越好，恨不得每天都形影不离。但热恋期转瞬即逝，当理智重新回归大脑，你们会以全新的角度来重新认识彼此——他是一个会不清不楚地和异性发生关系的人吗？他会不会经常对异性朋友动手动脚呢？他是不是那种会被欲望支配大脑的人呢？他和我在一起后也会和其他异性随便发生亲密接触吗？这些问题不是"怀疑"，也不是"不信任"，而是你基于已经发生的事实做出的合理假设和判断，是你的理智及时出现，提示你保护好自己、随时做好抵御被伤害的准备。

恋爱没有统一模板或是什么固定程序，你可以"高开"，但前提是要做好"低走"的心理准备。如果你已经准备好面对，并且很确定自己不会在未来感到不安和疑惑，那么你大可以"跟着感觉走"，把那些恋爱后的流程提前一点也没关系。但如果你是想抱着认真谨慎的态度进入一段关系，尽可能想让关系朝着好的方向发展，不想制造问题和风险，那就记得尊重恋爱的"生长规律"，小心翼翼地去呵护它、养育它，耐心地陪伴它成长，等待它开花。

谈恋爱应该查手机吗?

"谈恋爱应该查对方的手机吗?""应该给恋人看自己的手机吗?"这些一直是大家在恋爱中经常会碰到的问题。有人觉得,既然是恋人关系就应该"坦诚相见",不做"亏心事"就不怕"查手机"。也有人觉得手机属于成年人的隐私范畴,即使是再亲密的人也应该尊重对方的私人空间,保持一定的"边界感"。

其实"恋爱期间要不要查手机"这个问题是没有标准答案的。如果你想看对方的手机,可以表达需求、征求对方意见。如果你不愿意伴侣查看自己的手机,也可以大方地表达自己的想法,解释原因,以争取恋人的理解。很多人对"查手机"这件事有很深的执念是因为我们很容易把"能不能查手机"和"对感情忠不忠诚""心里有没有'鬼'"混为一谈,但事实上,这之间并没有必然的联系。

有些对感情不忠诚的人照样愿意给你看手机,因为他们早就做好了"万全"的准备,消灭了一切有可能被你抓到的"把柄",也只有这样他们才敢三心二意。而有些在恋爱中专一的人也会很反感自己的手机被恋人任意翻看,因为手机对我们来说早已不再是简单的通信工具,它保管着我们生活中大部分的重要信息。就算一个人再爱你，也未必愿意将自己的全部人生对你和盘托出，我们总要允许爱人有自己的"秘密"，那个"秘密"也许是他在原生家庭中受过的难以治愈的伤痛，也许是他极力隐藏的不自信、胆小懦弱的事情，也许是他不愿宣之于口的最害怕、最恐惧的部分。

所以，我们必须允许伴侣，也允许自己"有所保留"。尊重他在成为我们伴侣的同时，也是一个有着独立思想的人。我们需要在满足自己的好奇心之前去体察他的需求、他的意愿。

在恋爱里没有什么是"应该"的，如果一定有，那肯定不是"查手机"，而是"尊重"，是"允许"，是"换位思考"，是"给他自由"。

恋爱期间"谈"的恋爱一定会分手

如果你在"非单身"的状态下进入了一段恋爱，那么这段恋爱迟早会分手。没错，我就是敢下这个定论。

你可以在恋爱期间喜欢上另一个异性，也可以大方地向恋人坦白自己已经变心了、不爱了，然后去奔赴自己的幸福。这是你在结婚前可以自由选择恋人，尝试不同关系模式的权利。但如果一个人在还没有分手的状态下就和另外一个异性发展暧昧关系，甚至在恋人不知情的情况下就和对方在一起,那这个人一定是有问题的,这段新的关系也一定是"有毒"的,先天就是"畸形"的。这样的关系可能会给双方带来一时的新鲜和刺激,但绝对无法创造长久又稳定的幸福。

从另一个方面来说,如果一个人在明知对方有交往对象的情况下还愿意和对方长时间频繁地聊天、亲密地接触,甚至愿意在对方还没有分手的情况下和他恋爱,那这个人也一定是有问题的。

两个有问题的人碰在一起,要么在互相折磨中消耗完彼此的一生,要么在互相伤害、互相怨恨中不欢而散、两败俱伤。

其实包括谈恋爱在内的任何关系都一样,要想长久稳定地发展,就一定要"开个好头"。很多时候人与人的结局从一开始就注定了,只有像孕育新生命一样去小心翼翼地呵护关系、养育关系,才能让关系朝着健康的方向茁壮生长。

去"更好地做自己",而不是"做更好的自己"

"做更好的自己"好像已经成了一句互联网口号,似乎我们做出的任何选择、任何决定都应当服从于"成为更好的自己"这个前提。

但你有没有想过，那个"更好的自己"指的是一个怎样的自己呢？

是更有钱的自己吗？那得多有钱才算"有钱"呢？是身材更好、形象更好的自己吗？那要满足什么标准才算"身材好"？要多漂亮才算"漂亮"呢？是学历更高的自己吗？那么之后的人生又该做些什么呢？

这样看来，我们很难定义"更好的自己"到底是怎样的一种生活状态，"成为更好的自己"似乎也永远没有"尽头"，"更好"之后还有"更好"，在"成为更好的自己"的道路上有疲惫，也有迷茫。

"做更好的自己"这句话听来励志，但其中充斥着对自己的不满和急于改变现状的意愿。这种急切本身就会给我们带来焦虑和内耗。在成年人的世界里，付出和收获在很多情况下是不成正比的。我们常见的是一个人即便倾尽全力，也不一定就能变成那个想象中的"更好的自己"。如果事实就是如此，这个人往后的人生又该何去何从呢？你能说他做过的所有努力都毫无意义吗？

消除焦虑和内耗最有效的办法，就是发自内心地"接受"，不与现状做抗争。"做更好的自己"很难，但如果你想"更好地做自己"，那你的人生目标就可以变得很清晰。一个人身上背着过重的行李，怎么可能走得轻快又长远。总有一天你会发现，人只有先"更好地做自己",才能成为那个"更好的自己"。

没关系,时间和年龄会替你成长

在每个人在成长的过程中,尤其是在二十多岁的年纪,我们都会遇到"瓶颈期"。在这个阶段你会发现自己身上的一些问题,你很清楚这些问题会带给你怎样的困扰,你也很清楚要怎么做才能改掉这些问题,但你就是"做不到"。

我曾经就遇到过很多次这样的瓶颈期。我是一个非常善于反思自己、发现问题但不太擅长处理问题、解决问题的人。举个例子,我从小就是一个很沉不住气的人,心里有什么话、脑子里有什么想法恨不得马上表达出来,多憋一个小时都会让我浑身难受,所以我最怕的就是冷战。

尤其是当我成年、开始谈恋爱以后,只要对方和我"冷战""逃避问题""玩消失",我的状态就会非常差,愤怒、着急、不知所措、伤心、一个人流眼泪、不停地打"夺命连环 call"……我解决不了问题,于是便用情绪伤害自己,陷在消极状态里根本不能自拔。我知道这样不好,我也知道"消失就消失,大不了分手""既然对方想逃避、那就给他时间"，我知道自己还有很多事情要去做，我必须调整好状态按时上课、安心备考、安心工作……然而我就是做不到。所以有很长一段时间我不敢谈恋爱，我害怕自己再一次进入那个糟糕的状态，我觉得自己还没有能力驾驭恋爱里可能出现的各种问题。

但"神奇"的是，后来我在二十八岁的时候谈了一场恋爱，中间因为两个人在同一件事情上意见不太一致，发生了一点口角，冷战了整整一个星期。在那段时间里，我竟然没有愤怒，没有流眼泪，没有等任何人的电话，我每天和往常一样上班、下班、按时吃饭、早睡早起，恢复到了还没有遇到他之前的样子。当然，我也会想起那个人、那件事，也会琢磨这段关系到底是哪里出了问题，但想来想去到最后我的结论都是——既然他不理我一定是因为他不想理我，那我尊重他的选择，我给他这个"自由"。

当我察觉到自己在冷战这件事上心态的变化，我真的又惊又喜，我开始好奇，自己到底是从哪一天、哪一刻开始突破这个"瓶颈"，完成这次"成长"的，我曾经努力了那么多年都做不到的事，怎么就突然做到了。我左思右想，最终还是没能找到答案，能够解释这一切的，或许只有"时间"。

所以如果现在的你和我一样，对自己有诸多的不满却无从改变，脑子里有诸多的问题却不知道答案在哪里，那你不妨把这些困难先"放一放"。不必自己跟自己"较劲"，把期待交给"时间"。那些你使尽浑身解数也解不出的难题，自有"时间"和"年龄"替你"摆平"。

可以交异性朋友，但不要自欺欺人

和亲密关系以外的异性保持适当的距离，是每一个成年人都应当具备的"自觉"。

很多人也许会问，这个"适当的距离"到底是多远呢？又该如何把握呢？其实，但凡你身边有异性朋友，你一定知道那个"界限"到底是什么。这个"距离"不是"量"出来的，而是"感觉"出来的。

因为只有你们自己心里最清楚，你和对方到底是单纯的朋友，还是以"朋友"的名义互相试探、获取快感、博得关注、索取情绪价值的暧昧对象。人一定要时刻清醒地认识到自己在做什么、该不该这样做、自己有没有能力为自己的行为负责等。如果你不喜欢对方，也不打算和对方发展成情侣关系，就一定要在察觉到这段关系"不对劲"的时候，及时调整自己的言行，向对方暗示自己的态度，而不是等对方以为你喜欢他，以为你们有机会在一起并向你表白后，你才告诉他,自己一直把对方当朋友。

如果不说清楚,那这段交流过程其实是很伤人的,而且到最后,大概率彼此是做不成朋友的。以朋友的身份喜欢对方要比一上来就表明"我喜欢你"更让人"内耗",因为相较之下,前者的感情更克制、顾虑更多、失败的代价也更高。

所以对待异性朋友最大的善良,就是不要在你并不心动的情况下轻易地给对方"幻想",不要"明知故犯"地享受对方的付出,也不要以失去一个朋友为代价,藐视任何人的真心。

有的人只是表面上很爱你

你信不信,有的人看起来是个"恋爱脑",但其实他只爱他自己。

他在恋爱里毫无保留地付出,不计代价地对伴侣好,即便受了伤也不及时止损反而试图用双倍的爱意和包容感动对方,总想再给对方一次机会……这种种举动不是他真的有多么爱你,而是因为他非常享受这种"自我感动"和"自我崇拜"的感觉。他在付出中不停地欣赏自我、赞美自我,标榜着自己为了爱情可以牺牲一切的伟大精神。

但这压根就不是爱情,这仅仅是一个自恋的人在完成自己对完美形象的演绎;是以卑微的姿态绑架他人为自己的"深情"买单的虚伪;是在强迫别人迎合自己的虚荣,将他眼中的"好"硬塞给对方,还要求对方领情并要求有所回报的偏执。他所谓的"爱情"没有让身边的人感到幸福和快乐,唯独满足、取悦了他自己,那这还能算是爱情吗?

真正的爱情永远是"利他"大于"利己"的,"爱"是关注爱人的需求,努力去以对方需要的方式去爱;是允许爱人做最真实的自己,表达最真实的情绪;是永远不觉得自己已经付出得"足够多"。

"爱"是心疼,是理解,是用尽全力,但又常觉亏欠。

比会谈恋爱更重要的,是会分手

有很多人敢和喜欢的人表白,会去谈一段健康的恋爱,但他却学不会"分手"。

就像你会骑自行车,但不会刹车一样,而这可远比不会骑自行车危险多了。

说实话,当下有这种现象也很正常,毕竟从小我们都在接受"什么是爱""如何去爱"的教育,却从来没有人告诉过我们"什么时候停止爱""如何能做到不爱"这件事。"心动"和"喜欢"是一种本能,它是不需要学习的。而"分手"却是违反本能的,是需要用绝对的清醒和理智对当下关系做出判断,是用"孤独"代替"陪伴",也是用"失去"战胜"拥有",所以"分手"是一门我们每个人都要去学习的,甚至是需要反复练习的功课。

正是因为如此,我建议每一个正在恋爱中的人都时不时地"练习"一下分手。不管当下的你,在一段亲密关系里感受到的是甜蜜还是困惑,不妨时常问问自己:如果对方下一秒和我说分手,说他已经不爱我了,我可以接受吗?离开这段关系,我可以独立生活且过得很好吗?如果失去这段关系,我有能力让自己开心吗?

无论何时,你必须清楚地意识到,任何人都拥有随时离开你的权利,即便是登记结婚的两个人,也不能确保在此后的人生中,感情不会发生变质,不会出现新的问题。我们必须承认,真正的幸福不是靠向别人"要"来的,一个人只有拥有了能让自己开心的能力,才能建立一段"立得住"也"靠得住"的爱情。

愿你拥有勇敢去爱的勇气,也永远不缺转身离去的底气。

爱，不能毫无保留

爱一个人一定要"毫无保留"吗？用理智来看，显然不是的。

那么"真正的爱一定是毫无保留的"这样的观念到底是从哪里来的呢？

事实上，我们很难接收到任何关于"爱情"的系统化教育，在成年之前也基本不会有家长或者老师来告诉我们什么是"爱情"。即便我们从出生起就在无形中观察着父母之间的相处模式，但长年累月的婚姻和我们讨论的"爱情"从关系的本质上讲，终究还是有很大差别的。所以，在培养认知、行为和习惯最关键的青少年时期，我们似乎只能靠那些"偶像剧""爱情片"来建立自己对爱情的想象。这也是为什么很多人对待爱情会如此地追求"完美"，似乎只有不顾一切、毫无保留、超越理智的爱，才算得上是真正的"爱情"。

"爱情是非理智的"这句话只适用于那些本身就"有理智"的人。只有当你抱着理智的态度走进爱情时，你才会感受到爱情里那些无法用理智解释的、不受控的部分。你才有能力在每一次面临选择时，在感性和理性中取舍权衡。但如果一个人在面对爱情时自己已经"丧失理智"，那这种状态本身就是偏激的、不健康的。而在这样状态下的爱，甚至压根儿就算不上是爱。

我们当然可以爱一个人，但不能毫无保留。因为只有你先成为一个完整的自己，才能给得出完整的爱。我们可以为他人付出，但不要牺牲自己的幸福。因为在学会什么是"爱情"之前，你得先学会什么是"独立"和"自爱"。

结婚不是一种托付

我们经常会听到一种说法，就是当女生在决定嫁给一个人的时候，一定是愿意把自己的一生"托付"给这个男生的。

可"托付"这个词，其实有些笼统。乍看上去，这代表着男生必须为伴侣的一切负责，照顾她、体贴她，必要的时候要"养"她，这些是社会大众对已婚男性的期待，而每个女生也都希望自己能遇到一个爱自己、懂自己、心疼自己的另一半。

但我希望女孩子们能意识到，我们不能将自己"全盘托付"。我们可以用"是否具有责任感"作为选择伴侣的标准，但一定不要把婚姻真的看作一种"托付"。因为在这个世界上，除了你自己，没有人能接得住你的"托付"，再爱也不能。

一段健康的亲密关系能否长久维系,这需要双方同时具有一定的责任感。而在你将自己的人生托付给对方的同时,你也在担负着对方今后的人生。

兜兜转转,这其实又回到了"独立"这个话题上。为什么现在大多数人都会劝已婚的女生无论丈夫有多优秀都不要去做全职太太?因为我们都意识到只有独立,有干劲,有目标,有为自己和家人创造价值的能力,人才会发光,才会有生命力,才会幸福。抵御未知和风险最有用的办法,就是你必须先成为自己的靠山,即便世界上没有一个人能为你"托底",你也能成为自己的后盾。

两个人在一起,不是把一个人的全部"托付"给了另一个人,也不是让一个人去找另一个人作靠山,心安理得地去过"偷懒"的人生。而是从"我"变成了"我们",是可以互相成为彼此的支撑,是两个原本单身也可以过得很好的人为了过得更好、更幸福而选择携手同行,是信任、勇敢、真诚,但从来都不是单方面地"托付"。

其实你不需要制造那么多新鲜感

上网冲浪时,我经常会刷到一些以讨论"情侣之间如何制造新鲜感"为内容的短视频，这类视频常是以"结婚多少年了，我们仍然保持新鲜感和热恋时的心动，是因为……"之类的话术为开篇。

说实话，看完这类视频，我会觉得这样的内容很容易给一部分人带来"恋爱焦虑"。毕竟一辈子很长，实际生活里也多得是"柴米油盐"和"一地鸡毛"，在长久的恋爱和婚姻关系中能稳定而持续地制造"新鲜感"，真的没有那么轻松。

而且你知道吗？对恋人来说，有没有"新鲜感"并不完全取决于你为他做了什么"新鲜事"，更重要的是他有没有注意到那个随着时间流逝正在慢慢发生改变的你。

没有人是一成不变的，正如这个世界永远在运动和变化的客观规律一样。二十岁的你和三十岁的你在认知和行为习惯上一定会有很大差异，三十岁的你和四十岁的你在穿衣风格、饮食口味上也许都会截然不同。有人说爱人就像在看一本书，即便有一天你看到了最后一页，把整本书都翻了个遍，也未必能真正地把这本书读懂。

就好像经常会有人问——爱一个人爱久了会腻吗？

朋友们，真的爱一个人怎么会腻？你恨不得花一生的时间去走进他的世界，你会为他每一次在你意料之外的表情和语气感到有趣和好奇，你会希望自己能陪他更久一点，能看到他的更多面，能和他一起经历更多未曾发生的事情。

我们期待惊喜，愿意勇敢地表达爱意，也享受和爱人一起经历未知，为生活的疲惫和平淡留有"余地"。

恋爱没有捷径可走

不知道你们有没有看到过像"三十天搞定心动对象""分手后如何让对方后悔""情感大师帮你复合"这类型的情感内容或者情感咨询广告。每次我看到这样的内容时，都特想点个"举报"的按键，总觉得这些宣传带点"诈骗"的意思。

任何自以为可以"拿捏"人性、"看透"人心的理论，都是虚伪狭隘的或是别有用心的，因为"人性"和"人心"从来都是看不见、摸不着、千奇百怪、变化莫测的东西。你可以通过朝夕相处和长时间的深度沟通去了解一个人的三观和性格，但你永远无法预知他在某个具体事件中的应激反应和行为选择。就好像连你自己有时都不知道，明天的你会突然想吃什么口味的午餐，不知道自己为什么有时会突然莫名烦躁，不知道为什么你开始有点喜欢原本很讨厌的颜色。或许连你都不够了解你自己，更何况是你身边的家人、朋友抑或是那些所谓的"大师"。

或许他们会告诉你，人性是有"共性"的，是有"规律"的。这说得没错，但在恋爱里，影响关系的并不是那些人人都有的"共性"，而是彼此双方各自的"特性"。

所以，我们永远不要试图在感情里"走捷径"，也不要"妄想"天降"高人"来帮你得到自己想要的一切，这是不可能的。我不反对大家去做情感咨询，好的情感咨询是一种"交流"和"成长"，是一种"陪伴"和"情绪价值"，在这个过程里你会慢慢体察到自己最真实的感受和想法，更加清醒地看待自己内心深处对待一段关系的本质想法，帮助自己做出对自己更有利的判断和选择。而不是去搞什么"恋爱阴谋"，千方百计地"拿捏"对方，这不是爱，这是自私和贪婪。

少琢磨别人会不会后悔、会不会离开，多想想自己在这段关系里幸不幸福、舒不舒服，这个人适不适合自己，这才是恋爱里的顶级"自爱"。

爱人和仇人，只在你的一念之间

恋爱，从始至终都是一件很"危险"的事。

这个意思有点像前阵子网络上很流行的一首"口水歌"里表达的,相信经常刷短视频的人一定都听过那句:"好了是闺密,不好了是敌蜜,闺密和敌密就一个字。"这首歌之所以能在网络传播这么广,我想一定不只是因为它"好玩",还有一部分原因是因为它"真实"。

恋人是比闺密和朋友更亲密的一种身份,对大部分人来说,恋人对你的生活、你的性格、你的优点缺点的了解程度是仅次于恋人的父母的,如果你的另一半想要伤害你、打击你,从可操作性上来讲是非常简单又方便的。因为他比任何人都更清楚你的软肋,也很了解你的喜恶,你说过什么、做过什么他都曾参与其中。

或许你会说:我在谈恋爱的时候多"防备"一些、不让他看到我最真实的样子,这种风险不就不存在了吗?但如若你尝试过就会发现,这是不可能做到的。如果你能在一段恋爱关系中长时间处于"紧绷"又"警戒"的状态,生怕"暴露"自己的缺点和软肋,完美地扮演着一个没有纰漏的"假人",那你谈的真的是"恋爱"吗?这段关系的存在还有什么意义呢?

我之所以想让大家意识到亲密关系中的"风险",不是劝大家去"戒备",而是要在人际关系中尽可能地多照顾他人的感受,尽量不要主动发出"伤害"和"攻击"。即便你想结束一段关系,也尽可能找对方式方法，不要"撕破脸"。"爱人"是最有可能变成"仇人"的，一个人有多爱你，就有多容易因为不被爱而仇恨你。有的人分手以后为了图一时之快会到处和朋友说对方的坏话，甚至诋毁对方，这种做法只有百害而无一利。分手本身就会给人带来一定的"伤害"，感情关系中的是是非非又有谁能判得清？在"分手"的伤痛之上再给对方施加"背叛"和"流言"的打击，而"破罐子破摔"其实是在激怒对方，增加自己受伤害和受损失的风险罢了。

当爱人不再相爱的时候，记得妥善而得体地告别。无论我们分开的原因是什么，只要真心相爱过，有这份"义气"在，我们就永远不会互相攻击和背叛。

爱，是认认真真地吵很多的架

爱是需要"吵架"的，从不吵架的亲密关系才是有问题的。

很多恩爱的老夫妻说自己一辈子都没吵过架，但他们说的"吵架"其实指的是语言攻击、针锋相对甚至摔东西、大打出手。

我希望大家在恋爱里大胆地去"吵架"，不是让大家去气势汹汹地指责对方、攻击对方，而是要在不伤害彼此的基础上大胆地表达自己的需求、发出自己的声音、维护自己的感受,更要在允许对方表达的同时真实地表达自我,不要害怕自己的反对意见会让对方不快,也不要害怕你们的关系会因为这些矛盾和冲突而破裂。因为矛盾和冲突能让一段关系越来越坚固而稳定的,而"争吵"有时也能考验一段关系健不健康、值不值得你用心去呵护。

很多人会觉得吵架很累,很消耗精力,也影响情绪,所以会在预感到"吵架"快要发生时选择冷战或逃避,可你有没有想过,其实在恋爱里除了那些让人感到轻松快乐的部分,真正需要人去花时间、花心思解决应对的,就只有"吵架"了。如果连直面冲突、解决问题的压力你都不想承受,那恋爱对你来说是什么呢?

其实恋爱关系是非常公平的,如果你只想享受一段关系为你带来的新鲜、刺激、陪伴、快乐,但拒绝为关系付出耐心和勇气、拒绝解决问题和消化情绪,那么这段关系注定是"短暂"的。

所以,大胆地去吵架吧,但也不能"一直"在吵架。吵架是需要动脑子和察言观色的,其实如果你"会吵架"的话只需要"吵"个一两次就可以看出关系里非常多的问题。

比如这个人在不开心的时候会不会彻底换一副"嘴脸",一改往日的温柔,面目狰狞得好像变成了另外一个人;会不会在彼此意见不合，在你没有顺从他心意的时候攻击你、贬低你、羞辱你，甚至还有暴力倾向；是否会逃避问题，使用冷暴力，丝毫不在意你的情绪和感受，完全不害怕失去你；是否在生气、有负面情绪时能保持理智；是否有控制情绪、沟通和解决问题的能力……这些都是你在"吵架"的时候要去看的。而我们一旦在"吵架"中发现对方有这些问题，每一次引起"吵架"的这些问题到最后也都得不到及时的解决，只能靠你单方面地忍气吞声才能偃旗息鼓，那这段关系就是不健康的。

能"爱"在一起的人，一定也是能"吵"在一起的。适合你的人不一定是那个带你玩得最开心的人，但一定是那个永远可以和你一起好好解决问题的人。

不要预设你会和某个人共度余生

其实我们这一生都只不过是在和自己过日子，没有别人。

人这一生一定需要和另一个人互相扶持、相濡以沫吗？谈恋爱、结婚的目的是让人生更"完整"，让余生更有"安全感"吗？

显然不是。因为即便你很幸运地和相爱的人结婚了，但在这漫长的一生中谁也不能保证对方不会因为各种各样的原因先一步离开这个世界、离开你；你的下一代会不会因为养家糊口、照顾妻儿、工作压力等事情而忽略你。若是那一天真正到来的时候你会怎么办？再去找下一个伴侣，还是追随他而去？人生不是电影，没有那么多跌宕起伏、轰轰烈烈的"生死恋"。当你双脚踩在地面上、回归现实以后你就会发现，"爱情"之上永远还有一件更重要的事，那就是"活下去"。

想要"活下去"，就不能想着一定要有人陪伴、有人照顾才能"活下去"，你要做好准备，即便这个世界上只剩下你自己，没有可信任的家人和朋友，没有爱人也没有孩子，甚至没有很多钱，你也可以努力地"活下去"。

爱情不是一份"保险"，它从来都不是为了任何功利的目的而存在的。永远不要为了和某个人"共度余生"而去爱，你应该是因为和某个人在一起时你能感受到幸福和快乐而去爱。也不要因为难以承受独处时的寂寞和孤单而去爱，因为你现在所承受的一切不会因为你找一个人去恋爱、去结婚就能得到解决。若干年后，你还是极有可能要面对"独自生活"这个课题。

所以别急，等你真的爱上了谁的时候，再去爱吧。

我们决定不了谁的去留，
但能主宰属于自己的人生。

AUTUMN

秋

在独处中看到真实的自己,听见自己内心那些从未被听到的声音,试着和自己谈场恋爱,好好爱自己一次,你才会明白自己真正需要的到底是什么。

BU YAO ZAI XIANG XIANG DE AI LI CHEN LUN

没有人会按照你想要的方式爱你

这个世界的真相,就是永远没有人能够按照你想要的方式去爱你,你的父母也不能。

即便当下有人用你想要的方式去爱你,未来他也不一定能继续让你满意,因为在这个世界上永远不会有人"为你而活",更不会有人生来就是来"爱你"的。

在恋爱中,如果总把关注点放在对方爱你的方式是否符合自我想象时,这其实是缺乏"爱的能力"的一种表现。因为好的爱情不是一个人对另一个人的"考核",而是双向的付出和理解。我们不是公主和王子,恋爱的目的也不是为自己挑选一个无微不至、服务到位的"用人"或"管家",与其在恋爱关系中去严苛地"考核"爱,不如去"看见"爱。

去看一个大大咧咧的人是怎样用心在购物网站反复查攻略、做对比,只为给恋人挑选一件称心的礼物时,那细腻的爱;去看一个平日里精打细算的人，是如何不假思索地买下了一条恋人喜欢了很久的裙子时，那付出的爱；去看一个原本脾气暴躁、没有耐心的人，可以在吵架时主动解释沟通，不厌其烦地安慰、开导恋人时，那包容的爱；去看一个倔强又执拗的人，在害怕失去恋人时，悄悄用袖口抹掉眼角的泪珠，那不舍的爱。

爱是不能被定义的，但爱需要被"看见"。

坦荡地"爱钱"，是爱自己的开始

在我们从小到大接受的传统教育里，"赚钱""爱钱"好像都是一件羞于表达的事。直到成年以后大家才开始明白，原来那些所谓的高尚理想、浪漫、对人生的抱负、对幸福的追求，都是需要用钱来"托底"的。

"爱钱"和"爱人"从来都不冲突，这两者都是让我们走向幸福的至关重要的部分。

坦荡地承认对钱、对物质的渴望，是为了让自己成为一个真正独立的成年人，是为了有能力让自己和爱的人一起过上更加美好的生活，是为了能在面临风险和考验时，有力量保护自己和身边的人。

也正是因为我们有爱与被爱的需求，渴望与世界建立情感的连接，所以我们才会源源不断地迸发出经营生活和创造财富的动力，去完成这个"正向"的爱的循环；这样我们才能在奋斗中不断成长强大，才有底气去付出，有勇气去失去。

创造财富，是为了让自己幸福；寻找爱人，同样也是为了让自己幸福。

坦荡地"爱钱"，斗志满满地去"赚钱"，这才是成年人关于"爱自己"最好的诠释。

最好的自我保护，是用"强者心态"去恋爱

在恋爱里最伤人的，莫过于当你倾其所有为喜欢的人付出、花光了自己所有的真诚和勇气以后，才发现对方根本没有把这段关系放在眼里，你无论多努力都永远得不到自己期待的回应。

有的人觉得只要不付出真心就不会受伤，但我不这样认为。因为我始终相信，恋爱也是需要遵守"一手交钱，一手交货"的游戏规则的，如果只是因为不想承担风险就在关系里"偷懒"，还妄图"坐享其成"地收获对方的爱，那这种行为无异于"抢劫"。

恋爱是有"门槛"的，想要入局，就得有"输得起"的底气和筹码，这就是为什么我们要用"强者思维"去谈恋爱的原因。因为当你一旦以一种强者的姿态进入一段关系中时，你就不会因为患得患失而过度束手束脚，强者思维会让你变得更勇敢，也更坦荡。

很多时候人会痛苦是因为把自己想象成了所谓的"受害者"和"弱势方"，但一旦你具备了强者思维，你会发现，在这段关系中即使有事发生，也一定是有利于你的。即便付出的真心没有得到回应，这段关系也让你看清了一个不适合你的人，正是因为你敢去真诚，这才有机会看清对方的不真诚。

所以，像个强者一样去恋爱吧！因为爱情，永远是属于勇敢者的游戏。

选择永远大于努力

"选择大于努力"这个公式适用于人生的许多方面，尤其是包括恋爱在内的社会交际层面。

我们经常会听到有人说："我已经用尽了全力去爱他，我从来没有对一个人这么好，为什么最后还是没有结果？为什么他还是要辜负我？"

但其实你没有错，你已经在自己的能力范围内做到了最好，你对待感情真诚、勇敢，但这不是"做"的问题，而是你的"选择"错了。

在成年人的世界里，只筛选，不教育；只选择，不改变。人在成年以后所具有的三观、思维模式、对感情的认知、对自己做人的要求等是不会发生太大改变的，这些观念是在人的幼年时期开始逐渐养成、固化的，是在人最关键的成长阶段中被反复加固过的。

所以，我们永远不要在一段关系里去试图改变对方，更不要试图扭转对方对事物的观点和态度。因为这种想法既是在为难别人，也是在反复的失望中折磨自己。

习惯可以改变，知识可以更新，行为可以修正，但三观却无法被重塑。永远不要试图用无底线的付出来唤醒一个人对你的爱，我们要从一开始就找一个和自己感情观相似、懂你的爱，也愿意努力去爱你的人。

困了就睡，我们又不是没有明天

我想大家应该都听过一句关于恋爱的"忠告"，那就是"吵架不要过夜，不要让你的女朋友带着情绪入睡"。

这个"忠告"听起来应该是站在照顾女生情绪的角度上来说的，但我作为一名女性，却越来越发觉这个观点似乎有点"不对劲"。

这句话的潜台词，到底是"今天的问题必须今天解决"还是"男生务必要在零点之前道歉并把女朋友哄好"呢？所以在发生冲突的时候，我们关注的重点到底应该是"男方能否在最短时间内低头道歉"还是"我们各自该如何去做，才能在未来避免冲突"呢？如果仅仅是"为了道歉而道歉"，却忽略了问题本身是怎样发生的，那这样的"道歉"有意义吗？或者说这件事能真正地"翻篇"吗？

说实话，我自己在谈恋爱的时候，也会出现在晚上闹不愉快的时候，但彼此争吵个几回合，眼看到了后半夜还是争论不休时，我便会开始想：明天还有工作，不如早点睡吧……

其实，成年人的必修课之一，就是有能力控制自己的情绪以确保正常的工作和生活，因为在感情的孰是孰非之上，还有谋生和责任。所以，如果真的争论到又累又困时，不妨两个人都先睡一觉，也许第二天睡醒后，心境便会突然开阔了，对待爱人也会更有耐心，思路也更清晰。

所以亲爱的，别为争吵忧虑，困了就睡吧，我们还有明天。

及时止损是最高级别的自律

其实"及时止损"是一件挺"反人性"的事。

"及时止损"意味着无论你对这段感情还有多少留恋和不甘，无论你在这段关系里付出了多少时间、精力、金钱，无论你多么想要一段完美的亲密关系，无论分手以后你将面临多严重的"戒断反应"，你也绝对不能回头。

所以，大多数人是做不到及时止损的。我们看到的很多所谓的"及时止损"其实都已经是无法被修补的状态了，只能及时"止"住，才能将伤害最小化。就像为什么有很多人会因为在恋爱中的付出得不到回应而感到痛苦。说白了，其实就是你在前几次付出时，早就感受到了对方的冷漠和自私，但你又不甘心，总是在不停给对方找理由——"也许是他慢热""时间久了他一定能感受到我的真心""他也许在考验我"等等。所以你选择下了更大的注，只为了赌那万分之一的真心。

想在感情里做到真正的"及时止损"，是需要很强的自制力和理性的判断力的，这并非易事。虽说爱情里没有太多理性可言，可我还是希望大家能保护好自己的真心，爱很宝贵，要把它交给一个真诚而可靠的人。

"热烈的爱"和"稳定的情绪"可以共存吗?

在讨论这个问题之前,我们应当先明确一个问题——

"情绪稳定"到底是指什么?

"情绪稳定"是近几年开始流行的一个网络词语。如果一个人的情绪不稳定,那么这个人往往喜怒无常、容易激动甚至会做出极端行为,并很难平复下来。而一个情绪稳定的人,情绪反应相对缓慢且轻微,相较之下更容易整理自我情绪。

在我的观念里,"情绪稳定"属于"自爱"的范畴。每一个成年人都应当具备一定的情绪稳定性,稳定的情绪会提升我们对幸福的感受力,免于被情绪伤害。同时我们也要警惕那些情绪极其不稳定的人,"情绪极其不稳定"在这里指的是那些会在愤怒、不满时大喊大叫、砸东西、打人伤人,做出种种极端行为的人。而我们要远离那些情绪产生后为了发泄而发泄、目中无人、为所欲为的人的原因,是出于保护自身人身安全的考量。

那为什么我们要在一开始就要明确上述那两个问题呢?原因是

现下有太多的人顶着"热烈的爱和稳定的情绪无法共存"的名义肆无忌惮地伤害身边的人，还有许多人用"情绪稳定是最重要的择偶标准"来否定恋人情绪存在的合理性，拒绝反思自我行为，用"麻木"和"情绪稳定"来偷换概念。

我想说，情绪是有"边界"的，边界之内的情绪需要被看到，而边界之外的情绪则是在提醒你——

快跑。

无法独处，就无法被爱

一个过不好单身生活的人，很难拥有一段健康的亲密关系，这就是为什么我们总说"人要先爱自己，才会有人真心爱你"。

如果一个人无法忍受单身，一旦进入空窗期，就一定要马上寻找新的对象去聊天、发展暧昧关系，这其实是一种极度"缺爱"的表现。对这类人来说，开始一段恋爱的前提并不是自己真的有多喜欢对方，也不是对方是不是真的喜欢自己，而是对方能否填补自己内心的那个装满需求和欲望的黑洞，能否消除自己生活中的孤独感和寂寞感，能否让自己的生活得以"完整"。

而事实上，一个人本身就是完整的。对人格独立的人来说，他们是不需要通过一段关系来证明自己的完整性的。如果把对生活的关注重点放在了自己有没有恋人上，就会下意识忽略对方是不是一个好的恋人，这段关系是不是一段健康的恋爱，而后者，才是决定这种亲密关系能维持多久的重要因素。

所以，尽可能不要在分手后太快地衔接下一段感情，即便你在上一段恋爱里无愧于心。但人总归是需要独处的，就像人需要被爱一样。在独处中看到真实的自己，听见自己内心那些从未被听到的声音，试着和自己谈场恋爱，好好爱自己一次，你才会明白自己真正需要的到底是什么。

这世上有的人，生来就没有自己

这个世界上很多人生来就是没有"自己"的。

为什么现在有关"爱自己"的发声越来越多了，其实就是大家已经意识到这一点，所以要去寻找"自己"，看到"自己"，了解"自己"真正的需求，然后好好地去弥补"自己"，去爱"自己"。

我们这一代人，从出生开始就活在一个又一个的"评价体系"里。

幼儿园时期，名字后面粘贴的小红花数量直接决定了你是不是一个真正的"好孩子"，不少地方从小学开始就有班级排名和年级排名。为了得到老师和父母的认可，我们不得不把"竞争意识"从童年起就刻在骨子里。而那些学习成绩排名靠前的孩子，似乎连交朋友也会更容易些。

所以，其实大多数人的努力并不是为了"自己"，他们长时间的拼命和坚持并不能让自己得到快乐和满足，而是为了让父母快乐，让老师和领导满意，让自己被同事和另一半接纳、认可，被这个社会的各种评价体系所接受。仿佛只有被这个社会认可了，才能被自己认可。

但你知道吗？这个世界上只有一种评价体系能真正地让你满意，那就是你自己。

当你发现自己不再需要别人的认可来实现自我认可时，你才是真正地拥有了"自己"。

不要透支良缘

其实以前有段时间，我是很反感在爱情里讲"缘分"的。

我总觉得"缘分"这个词本身有太多"玄学"的意味，因为真正决定关系是否能长远发展的，一定是那个有所为、有所不为的"人"，而不是虚无缥缈的"神"。

但在这里我想讨论的"缘"不是迷信，而是"机会"，是"运气"，是"概率"。

很多人在刚开始谈恋爱的时候都会有一个误区——错过也没关系，我总能找到更好的。可事实真是如此吗？当然，每个人对于"更好的"的定义是不一样的，你也许可以找到身材更好的、学历更高的、收入更多的……但这些，在一段亲密关系里真的重要吗？这就是你谈恋爱或者结婚的目的吗？

我想绝大部分的人想谈恋爱、想寻找一个可以陪伴终生的伴侣，目的并不是去找一个闪闪发光、可以随时拿来炫耀的"装饰品"。亲密关系对我们最大的吸引力，是我们可以在这段关系中满足自己作为人类先天便具有的情感需求；是在人生一切"未知"和"可能"发生之前，我们可以确信这个世界上总有一个人会理解我们的情绪、肯定我们的价值、接受我们的软弱和失败，也同时爱着我们的平凡和不完美；是可以让我们在绝望时因为想到"我还有我要去爱的人"而重新点燃生活下去的希望，拥有重新开始的勇气。如果用以上这些标准来定义"更好的",你还会觉得找到这样一个人是轻而易举的事吗?

其实在这个世界上,有人一辈子都没有找到和自己灵魂契合的人;有人在爱情观不成熟的时候走进婚姻,在进退两难中走完一生,直到最后都未曾见过真正的爱情;有的人相信爱情,却一直到中老年还在因为爱情被欺骗、被伤害;有的人不相信爱情,在权衡利弊中错过了那个真心爱他的人,成为一座只爱自己的孤岛,余生都在算计和内耗中度过。

看到这些,你还会觉得不管错过谁都会遇到"更好的人"吗?

我们这一生会和非常多形形色色的人萍水相逢,但其实每个人这辈子能遇到的高质量的爱情的次数是非常有限且宝贵的。永远不要透支自己在爱情里的好运气,要用尽全力去珍惜那个有可能一起幸福的人。

人生最重要的,从来不是完美

这个世界上不存在"没有问题的原生家庭",就像这个世界上没有"完美"的人一样。这些"不完美"的人组成一个"不完美"的家庭,养育一个"不完美"的小孩,成为"不完美"的父母,循环往复。而每一个人都在原生家庭里被伤害过，只是程度不同、痛感不同、影响不同而已。

其实亲密关系的本质，就是两个带着原生家庭创伤的人互相治愈对方的过程。在原生家庭中总被忽略、被贬低的人，成年后会有非常强烈的情感需求，渴望在亲密关系中被百分百地接纳和认可；而原生家庭物质条件较差、被父母"穷养"长大的人，在选择伴侣时大多更看重对方"抠不抠"、收入稳不稳定，渴望在亲密关系中获取安全感；又或是从小被家人保护得太好、几乎从来没碰过壁的人，谈恋爱的时候往往会轻信别人，渴望在生活中获取更多新鲜感和刺激感，内心藏着那么点"小叛逆"。

很多人在结束一段恋爱关系后会执着于思考"为什么"，会带着问题一直追溯到自己的情感经历、成长过程、原生家庭，怀疑是不是自己的原生家庭有问题才导致自己在亲密关系里总是不顺利。

可你知道吗？我们都是带着"问题"和"伤口"的人，我们的原生家庭都不完美。未来我们大概率也会带着自己的不完美，和另一个不完美的人过着不完美的人生。可人生中最重要的从来都不是"完美"，比完美更值得炫耀的，是被你爱的人接纳，是可以对爱你的人坦诚。

请别陷入自我怀疑

其实恋爱中最折磨一个人的并不是分手，也不是被欺骗、被背叛，因为这些伤痛是阶段性的，总会随着时间，随着遇到新的人和新的关系而被治愈。要说恋爱里最折磨人的，是"自我怀疑"。

"自我怀疑"是一个"黑洞"，一旦开始就会陷入无限循环——为什么别人的恋爱关系都经营得很好，只有我这么难过？是不是我的性格有问题？是不是我某件事没有处理好才导致关系破裂？如果我当时再成熟一点，表现得再好一点，他是不是就不会离开我了？我是不是才是那个导致关系破裂的主要原因？

其实，不懂得自我反省的人在不断攻击别人，而太过于自我反省的人在不停地攻击自己。

这类陷入"自我怀疑"的人有一个共性，那就是他们在学生时代的学习成绩大都不错，也是老师和家长眼中又乖又懂事的"好学生"。而对"好学生"而言，人生真正的考验，是从毕业那一刻开始的。

"好学生"最擅长的就是"努力"。他们从小就奉行着"天道酬勤""努力一定有回报""没有回报一定是努力得还不够""成绩不好要从自身找原因"等励志宣言。这些宣言的逻辑和道理没有错，但只有成年人才知道这些逻辑的适用范围到底有多窄，尤其是在亲密关系里。

谈恋爱可以靠良心，可以靠责任，但唯独靠不上努力。两个三观和基本认知天差地别的人，能靠努力变得合适吗？一个朝三暮四、不忠诚、不专一的人，你能靠努力去改变他吗？一个压根不需要你的好的人，你能靠努力对他好来让他珍惜你吗？下了决心要走的人，你又能靠努力将他留下来吗？

在恋爱里，其实我们大可不必那么"认真"，也不必太过"努力"，即便事与愿违也试着放过自己。因为任何关系的破裂都是双向的，不是你不够努力经营，有时是那个他不够努力，所以才没能抓住你。

要恋爱，还是要赌博？

这其实是所有人在谈恋爱前都应该想清楚的一个问题。

如果你想谈恋爱，那你关注的重点就应该是"这个人适不适合我""我们彼此是不是互相喜欢"。但如果你只是想"赌"，那你只需要关注结果就好了，因为只要你们"在一起"或者"结婚"，你的目标就算是实现，心满意足。

我之所以让大家想清楚这个问题,是因为我发现很多人在和喜欢的人前期接触时,关注的重点都是"我要怎么做才能和他在一起",而不是"他这个人人品怎么样""是不是我要找的人",好像大家对恋爱的态度都变成了"取悦"和"满足",而不是"筛选"和"判断"。所以受伤害的人会在追逐"结果"的过程里一直受伤,且永远不会想明白自己到底为什么这么痛苦。

你要知道,其实人生中从来都没有什么必须要做的事。

谈恋爱、结婚、生子……这些其实都不是人生的"刚需"。如果说人除了衣食住行还有什么是值得去执着追求的东西,那一定是"快乐",一定是精神层面的满足感和幸福感。

所以亲爱的,你要关注的从来都不是那个"结果",而是那个人能不能真的让你快乐。

越谈越累,是因为你太高估自己了

我们总是容易在对一个人"上头"的时候做出很多"不自量力"的事。

比如为了让对方开心,不管多晚都可以跑到很远的地方去买一份他最爱的烧烤；可以不顾第二天的安排，陪他聊个通宵；可以无底线地满足他所有的要求，只为博得对方的好感和认可；可以超前消费给他买昂贵的礼物，生怕自己爱得不够明显和彻底。

可很少有人在这个时候会想，这样的我是真实的吗？这样的状态到底能维持多久呢？我累了的时候，这段关系还能维系下去吗？

其实无论你有多么喜欢一个人，都不必在表达爱意的时候"太过用力"。每个人都希望自己在喜欢的人面前是完美的、有魅力的，但一段长久又健康的恋爱靠的不是"完美"，而是"真实"。到了一定年纪以后，我们都会在爱情里变得清醒克制，不会再去预设一个理想化、没有破绽的爱人，仅仅是带着自己的底线和人生目标，有选择性地去爱一个人。也只有成年人才会懂，恋爱前期的风花雪月是多么"虚无缥缈"的东西，只有激情退去后，平淡生活里的鸡毛蒜皮才能让我们看清关系最真实的样子。

爱情不是只有热恋期，"用力"的同时也别忘了做真实的你自己。

你真的会选恋人吗？

谈恋爱是一次双向的选择，在关系里看起来再被动的人也拥有属于自己的"主动权",任何一方都有选择"允许一段关系开始"和"不允许一段关系继续"的权利。

可当你手里握着这种权利的时候,你真的"会选"吗?

其实选择恋人的标准从来都不是单一的,它取决于人的认知和需求。只要是你觉得"好"的、能让你感到满足和快乐的,那对你来说这就是"对"的,任何旁观者都无权做出评价和指摘。可如果你的目标不仅仅只是谈一场恋爱,而是建立一段健康且稳定的亲密关系,找到一位可靠又尊重自己的伴侣,那这个"标准"就需要重新斟酌思考了。

很多女生在刚开始谈恋爱的时候总会把"物质条件"放在靠前的位置。我也是一名女性,我能感受到即便是在眼下这个相对自由又发达的时代里,即便绝大多数女生已经拥有了独立的生存能力和自尊自爱的意识,但女生在面对婚恋问题时仍然是弱势的、缺乏安全感的。因为女生是在生理方面势必承担多一些的那一方,也是对婚姻和生育更忧虑、更抗拒的一方。所以在无法确定对方真实人品的情况下,一个女生在择偶时想通过筛选物质条件来降低婚姻和生育的风险,是可以理解的。

但你要记住,物质条件是可以作为择偶时的一项"标准",但绝不能把它当作"唯一标准",否则一定会吃大亏、适得其反。因为总有一天你会明白,真正能给你安全感的除了你自己,就只有伴侣的良心和责任感。

物质条件的确很重要,但钱币有可能贬值,投资或许会失败,世界处在永恒的变化之中,没有人会一直得意,也没有人会一直失意。但只有一个有能力让自己和爱的人幸福的人,才是硬通货。而拥有一个理解你、心疼你、愿意与你同甘共苦的另一半,才是能真真切切地减轻你在世间一半的疾苦的。

其实,在感情里真正能让我们感到安全感的从来都不是伴侣多有钱、有多贵的房和车,而是我们可以很明确地知道自己在对方面前是安全的、被爱的。无论是哭还是笑,成功还是狼狈,我们都是被允许、被接纳的,这才是我们抵御一切未知、最有力的一张底牌。

你到底是想沟通,还是想说服?

"解决问题需要好好沟通"已经是所有人都认同的一句话,先不说"好好沟通"这件事是不是所有人都能做得到,但这个"道理"

本身是不需要再去怀疑和论证的。可扪心自问,"沟通"和"说服"的界限,你真的分得清吗?

沟通包含两个部分:"表达"和"倾听"。表达很简单,它就是一种单向的"输出",是将自己的需求、想法和愿景以对方能理解、能接受的形式抛给对方,越直白越好。而倾听则比表达难多了,因为倾听本身就是在允许和接受否定自己的声音存在,且能得以完整充分地表达。倾听需要的不仅仅是"听",还需要对听到的内容进行思考、判断,然后再给到对方相应的态度和反馈。这个反馈要么是接受认可,要么是反驳拒绝。但前者可能会牺牲掉你自己原本的主张,后者又可能会带来新一轮的问题和矛盾。不是所有人都能在这前后两者中取得平衡的,对于一部分"利己主义"的人来说,争取更多话语权、剥夺对方提出反对意见、制造新的冲突点的机会,显然是最"省事"的。

所以不是所有人都能做好那个关系中的"倾听者",很多人在面对问题时,都是在以"沟通"的名义扮演一个理智而冷静的成年人,实则不过是想变着花样地"输出"自己的诉求,强调自己观点和认知的合理性、正确性,以达到让对方妥协让步,最好是心甘情愿地认同的目的。

可这样的"沟通"还有什么意义呢？与其称之为"沟通"，不如叫"服从""教育""训诫"或者是"控制"。沟通的目的是让关系更好，是增进我们对彼此的了解，是袒露自己最真实的需求和想法，也渴望着、期盼着对方能以同样的坦诚来回应，是透过语言去看我们所爱之人的灵魂。

而当你学会了如何去"沟通"，那你便学会了如何去"爱"。

被爱的前提，是长相好吗？

当你执着于这个问题的时候，你应该做的不是去变美，而是对这个世界"祛魅"。

这个世界上多的是形形色色的人，也多的是俊男靓女，更多的是喜欢俊男靓女的人，可那又怎样呢？和我们又有什么关系呢？

在这里我不想再说什么"每个人都有自己独特的美""在爱你的人眼里你就是最好看的"之类的话，因为当下的互联网环境，的确给不少人带来了很严重的"容貌焦虑"。无论打开哪个社交软件，尤其是短视频平台，里面最不缺的就是"俊男靓女"。似乎在这样的时代里，只有"足够美"和"足够丑"的人才能得到关注。

我也不想再说什么"人格魅力比外貌更迷人"这样的话，听起来像是安慰，但细品起来总觉得像是一碗"毒鸡汤"。

其实，无论你长得好不好看，身上具备哪些"属性"，自带什么样的"短板"，这些都是组成那个完整而真实的你的一部分。你不为取悦任何人存在，也不为博得谁的关注和喜欢存在。"被爱的前提，是漂亮吗"这个问题本身就是有问题的，因为被爱是没有"前提"的，如果有，那就不是爱，而是"挑选""算计""装饰"，是居高临下的"占有"和"控制"。

所以我们真的不用那么"好看"，不需要那么努力地向某个标准或门槛靠近，把肯定自己、认可自己的权利牢牢掌握在自己手中，才会更容易获得幸福。

不要轻易给自己扣上"情绪不稳定"的帽子

你知道吗？这世界上绝大多数情绪不稳定的人并不是真的有什么心理问题和精神问题，也不是真的在性格上有什么缺陷，而是他们正处在一个令自己情绪不稳定的环境里，或者正在和一个让他们情绪不稳定的人一起。

"我情绪不稳定"这句话本身其实带着很大一部分对自我的否定，因为我们都想成为一个"情绪稳定的人"，所以"情绪不稳定"听起来似乎是一个急需被修正的缺点，是一个很难被人接受的、人格上的"黑洞"。对"情绪不稳定"的否定和抗拒很容易让我们忽略其背后最重要的一点——到底是什么导致了我的情绪不稳定？

如果你现在正处在情绪不稳定的状态里，不妨问自己几个问题：在我过往漫长的人生经历中，这样情绪不稳定的状态是一直都存在吗？我在哪个阶段、什么样的环境下可以保持情绪稳定呢？每当我情绪不稳定的时候，我在想什么呢？我的需求是什么呢？后来我又是怎样回归到正常的情绪水平的呢？我做了什么？感受到了什么呢？

当你处在不好的状态里时，比起埋怨自己、否定自己，更重要的是要去"觉察"自己的情绪。"情绪稳定"不是人生来就有的属性，也不是什么需要费力追逐的高超境界，它只是一项能直观反映出一个人生活状态的指标。所谓的"成为一个情绪稳定的人"，其实是"学着去寻找让自己情绪稳定下来的思维模式和生活状态"。

人只要活着，就会产生各种各样的情绪。不是只有好的情绪才应该存在，那些坏的情绪同样有存在的价值和意义，那些感受在提

醒着你——

嘿，如果你想让自己幸福，那么是时候做出些改变了。

修补爱的缺口

"需要爱"是人的本能，但"太需要爱"，其实是有问题的。

什么是"太需要爱"？在独处时会因为孤独而痛苦，无法忍受长时间的单身，极度需要外界的关心和安慰。其实有很多人都处在"太需要爱"的状态里而不自知。例如，只要一单身，就急着赶快寻找下一段感情；只要有人靠近你、对你好，你就觉得那是爱情，马上放下戒备，全身心投入进去；无论这个人后来做了什么伤害你的事，你都做不到主动放手；即便你知道他不适合你，你还是在期待他能回到当初对你好时的样子。

我们总是很容易搞混"我爱你""我需要你爱我"和"我需要一个伴侣"这三种心态之间的界限。同样是在谈恋爱、在谈婚论嫁，有的人是因为看到了对方的闪光点，不自觉地被吸引、想靠近他、了解他、对他好，然后走进他的世界。但有的人是因为需要有人陪着、被人爱着，需要有这样一个人来消解人生中的寂寞空虚，填补自己内心那个不被关注、不被重视的缺口；还有人是因为想要完成"结婚"这个任务，在适当的年纪给自己戴上"已婚"和"成家立业"的标签，为了让自己看起来更"合群"，完成对自己人生的完美幻想。

但其实真正适合走入爱的状态，应当是，你即便独自生活，也能独立而圆满。如果你总是将自己对爱的需求寄托给外界，期待某个人、某段关系的突然出现可以填补自己对爱所有的渴望，那么你大概率会在"求爱"的循环里无休止地失望和痛苦下去。因为你连爱自己的能力都不具备，又怎能给别人爱呢？既然你没有能力去爱人，又凭什么要求别人来无条件地爱你呢？

所以，当你的"爱"无法做到"自给自足"时，你要做的，就是去修补那个"爱"的缺口，去观察和养育你内心那个渴望爱的小孩，而不是剑拔弩张地向这个世界伸出掌心，说："请给我爱。"

请别胡思乱想

如果你是容易胡思乱想、焦虑、经常内耗的这类型人格，那我可以给你提供一个缓解焦虑的方法，那就是告诉自己：我仅仅是地球上的生物之一，人类这个动物群体其中的一员，仅此而已。

我曾经就是一个非常容易多想的人，多想到什么程度呢？就是我的脑子除了睡眠时间，就从来没有停下来过胡思乱想。

我上学的时候经常想——我毕业以后要做什么？体制内和体制外哪种状态更好啊？我以后会不会赚不到钱？如果找不到工作我会不会抑郁啊？工作不够体面会不会被亲戚嘲笑、看不起啊？

毕业工作以后我又经常想——大家怎么都结婚了？人为什么要结婚啊？我如果一直单身行不行啊？为什么别人找对象那么轻松啊？是不是我性格不够好啊？我啥时候结婚呢？我要找个啥样的对象呢？

直到后来有一天我突然发现，以上所有这些长期侵占我大脑的问题本身就是没有答案的。人生是写作题，不是选择题，更不是判断题。每个人都可以按照自己的心情和喜好写下开头和结尾，在适当的时机随时可以另起一行。就像不是所有人都要选择同一种生活方式，任何选择的"好"与"坏"也只有你自己可以衡量。

这样看来，我们那些天马行空的胡思乱想更像是一种"自大"。因为我们是人类，我们拥有思维和想象的能力，我们拥有比地球上其他生物更高级的智慧，我们便试图利用自己这所谓"高高在上"的大脑在最大程度上创造些什么、改变些什么，就像我们总是因为那些尚未发生的事情而生出无限的烦恼，总是想要在无止尽的思考和内耗中找到那个"答案"。

可我们忘了，无论一个人拥有怎样的智慧，他最终也仅仅只是地球上的某个生物而已。对生物来说，最重要的从来都不是某个问题、某个答案，而是阳光、食物、水，是安全和舒适，是去劳动从而满足自己继续生存的需求，更是好好地"活着"。

后来我便很少再去思考那些没有答案的问题，我思考的内容也换成了——今天我要吃点什么？哪家市场的菜更新鲜？最近上火了吃点什么能下火？今晚几点睡觉？周几洗衣服？

当你遇到想不通的问题、破不了的局，找不到方向，不知道何去何从时，最好的解决办法就是"先好好生活"。其实"生活"这件事远比你想象得要复杂又有趣得多，一个能在生活上过得去、过得好的人，即便遇到再大的坎儿也肯定能过得去。

二十多岁的年纪，痛苦才是常态

其实早就已经有很多"名人"和"成功人士"告诉过我们，二十岁到三十岁之间，是一个人一生中"最痛苦""最糟糕"的阶段。

以前我是不认同的这个观点的，我觉得二十多岁应该是最美好的年纪——年轻、精力旺盛、无所畏惧、充满希望……

可当我现在快三十岁，站在今天回看过去将近十年的人生时，我突然很讨厌二十多岁的自己，那个情绪化的、不切实际的、无知又固执的自己。

那时候的我特别"拧巴"，二十多岁时的人生好像被打了一个"结"，也特别爱跟自己过不去。我花了十年时间去解这个结，至今才终于稍有了一点眉目。从上大学到大学毕业后的至少三年内，我看待这个世界的眼光和思维模式还完全处于"学生模式"。我信奉"努力就一定有回报"，秉持着"没成功就一定是我还不够努力"的态度，无论是在工作上还是感情上，主打的就是一个"死磕"。

心仪的工作没有被录取，我在接到通知电话后难过得梨花带雨，现在想想，我要是电话那边的人，一定会觉得我尴尬又可笑；谈恋爱谈到一半对方突然提了分手，我怒不可遏地发火，"谴责"他对待感情"太随意"，还态度强硬地宣告着"我不同意"；总是坚信自己可以做得更好，坚信只要我足够努力就没有解决不了的问题，坚信自己有能力创造出自己理想中的生活。

很天真，很幼稚对不对？所以，我二十岁以后的人生一直在碰壁，我的生活被局限在了"踌躇满志""短暂的成就感""碰壁""消沉悲观""不甘心""再次踌躇满志"这个死循环里，不得解脱。

二十多岁的人是很难在受挫和吃亏中学到些什么的，因为他们太过自信，太过意气风发，他们宁愿把失败的原因归于环境、风气，甚至是一个无关紧要的外人身上，也不愿意承认自己的认知和想象从一开始就是错的、不现实的、南辕北辙的。

在我吃了足够多的"亏"，反反复复地"折腾"了许多个回合，终于对这种循环感到厌倦和疲惫的时候，我才开始真正意识到原来我所有的痛苦都来源于我自己内心的"念头"。是我自己亲手给自己的生活打了一个"死结"。没有人在折磨我，让我痛苦的也不是某个男人、某个领导，一直以来，都是我自己在给自己制造痛苦。

于是我终于不那么在乎结果了，我不会挽留任何一个打算离开我的人，不再为短暂的拥有而强人所难、大费口舌，我会在做任何一件事之前就设想好它会失败、会落空的可能，我不会再在失败时"谴责"自己不够努力，"嫌弃"自己不够优秀，我不会去为已经发生的、无法改变的事情刨根问底地找原因、找答案，因为我找了快十年了也没找到，我也没有那么多时间了。

所以即便当下的你看不到光亮，痛苦到不知所措，不知道自己该何去何从，也不要觉得自己这辈子会一直这样下去。

因为有时候你必须痛苦到一定程度，才能真正看清那个生活的意义到底是什么。

你有过出身羞耻吗？

其实每个人的成长过程中都会多多少少地有过"出身羞耻"。

这种感受其实很好理解，比如在小地方长大的孩子转学到大城市以后会自带一种"弱势"的气场，很容易在同学面前紧张、不自信。

我是在刚上大学的时候第一次体会到了"出身羞耻"的感觉。

我从小在西北长大，高考之前没有出过省，当然也在电视里向往过大城市，但始终没有真正地感受过家乡和大城市之间到底有什么不同。直到高考以后，我考上了大城市的大学，每年开学和放假我都在两地之间来回往返。因为没有直达的高铁，中途还要在其他城市中转，就这样，我大脑里关于地域和距离的概念在迅速更新。

我从一个当时还没有地铁也不通高铁的地方走出去，在许许多多个更大的城市之间辗转，第一次买地铁票，第一次用手机软件里的二维码扫码坐地铁，第一次在陌生的城市发现原来不用取票只需要扫身份证坐火车，第一次发现还有二十四小时不关门的书店，第一次发现公交站牌居然还会显示公交车到站时间……

在看到这一切新鲜事物后，我开始因为自己的家乡而感到"不自信"了，我意识到它有太多太多比不上其他城市的地方。尤其是看到身边同学对这一切习以为常的样子，那种生长环境带来的思维和眼界的差异也变得更加强烈。

这种不自信伴随了我四年，大学快毕业的时候，大家都面临着选择。是回老家还是去大城市，抑或是留在大学所在的城市？我也在这些选择中纠结过。大城市谁都向往，工作机会多，赚钱机会多，好吃的、好玩的也多，可这背后需要付出的代价也不小，例如，竞争更为激烈、房价物价更高、工作节奏快、没有归属感等等。

我们那届好多人都觉得回老家就是"没出息"，好不容易考出去了最后又回了"小地方"，但凡是有点野心的年轻人都有点不甘心，那时候的我也一样。可后来我仔细琢磨了下，我发现老家的发展机会虽然不多，但不是没有。大城市的房贷、车贷，还有种种压力都让我望而生畏，反而是回老家以后相对轻松的生活环境更能激发我的创造力，让我更大胆、更有勇气地去尝试些什么。

回老家以后，我进了省电视台，在工作中我接触到了各行各业非常优秀的人，我发现他们的才华和履历是完全可以支撑他们在大城市站稳脚跟的，但是他们没有。所以，一定是这里有什么无法被替代的东西留住了他们。

其实地域从来都不是划分能力、眼界、格局的依据，你"住在哪里"和你"有没有看过世界""有没有读过很多书"压根就没有关系。如果一个人因为自己的出身和家乡感到不自信甚至是羞耻，那是因为他本身就是狭隘的。而当你真正了解过你所生活的城市后，你就会发现，城市其实就像人一样，每座城市都有自己的缺陷和闪光点，不存在谁比谁更高级、更完美。我们要像选择爱人一样去选择城市，只有接纳它、发自内心地爱它，这样你才能在它身上感受到幸福。

亲爱的朋友，你不必向我道歉

有句话是这样说的："每个脱单的人都应该向自己的朋友道歉。"

在网络上，经常会有一些调侃朋友谈恋爱后，身边朋友尴尬处境的段子，"真实"又"辛酸"。我相信世界上几乎没有人能在谈恋爱以后，对待好朋友还能维持以往的交往频率和聊天频率的，因为但凡你抱着认真负责的态度和一个人在一起后，你就会发现，谈恋爱真的是一件非常耗费时间和精力的事。

但你知道吗？其实成熟的友谊是不需要因为你谈恋爱，因为你在朋友身上花的时间和精力减少而"道歉"的。每个成年人在面对亲近的朋友时都应该有"也许有一天我们会因为家庭和工作的压力而渐行渐远"的自觉。这样说听起来很"残酷"，但我们必须接受"任何人随时都有可能因为他自身的原因离我而去"的事实。

当然，其实朋友谈了恋爱，也并不会让我们真的"失去"对方，绝大多数情况下大家只是会发觉自己和朋友的聊天频率、见面次数越来越少，离对方的生活越来越远，好像对方只有和恋人吵架的那几天才会短暂地向自己倾吐心声。和朋友恋爱前的形影不离相比，"被剩下"的那个人的确会有巨大的失落感和空虚感。但，这就是生活。

我也曾经是那个"被剩下"的人，那个时候我也会在心里对朋友有些小小的"抱怨"。但后来我看着她在恋爱中有过幸福，有过痛苦，经历分手却仍然相信爱情，相信美好，至今我们也仍是可以随时聊天、随时袒露内心的、彼此信任的朋友。而这时，我才突然发现自己的那些"抱怨"是如此"多余"。因为好的友情从来不是两个人的彼此"占有",而是一种"养成式"的成长伴侣。

人生有千百种滋味需要我们去品尝,也许有一天我会因为忙于工作和恋爱让朋友对我"心生怨念",但是我们都知道,我们的"交情"一直都在那里。它不一定是"锦上添花",但一定可以在彼此遇到麻烦和问题时"雪中送炭"。

所以亲爱的朋友,你不必因为自己的幸福而向我道歉。我希望我们的友谊像两根相依而行的平行线,不会渐行渐远,因为在各自往前奔跑的人生道路上,只要稍稍回头,你我一直都在。

友情里也要有分手的勇气

必要的时候,"朋友"也是需要"断舍离"的。

我们总是在说要及时结束一段让你内耗的爱情,却常常忽略,有些"有毒"的友情也需要我们果断地放手。

不是只有爱情会"变",友情也会。或许是你们曾经共同度过了一段艰难又难忘的日子,所以你暗下决心要和他做一辈子的"朋友";或许是你在最孤立无援的时候,接受过他的帮助,你希望能在他需要你的时候也挺身而出,以"朋友"的身份回报这份恩情;或许是你需要一个闲暇时陪你聊天、陪你旅行、一起吃喝玩乐的伙伴，而他恰好出现，给你的生活带来许多乐趣和新鲜感……无论你们是因为怎样的原因成为朋友的，当你在这段关系中发觉自己有不自在、不舒服、被打压、不被尊重等这些感受时，那么你们之间的友情就已经出现问题了。

友情和爱情的发展逻辑是差不多的，我们可能会因为各种各样的契机成为朋友，但不是每段友情都一定能"走到最后"。友情里也是要讲"合适"的，一个"合适"你的朋友一定和你有相似的三观，会体察并在乎你的感受，即便看到你身上的不完美也会尊重你、接纳你、认可你，即便没有能力帮助你也绝对不会利用你、欺骗你，即便在你狼狈的时候没有及时安慰你也不会嘲笑你、否定你。

我们必须有勇气告别一切使我们内耗的关系。友情也好，爱情也罢，你必须先让自己感到幸福，才有能力去经营一切感到幸福的关系。

爱，不是常觉亏欠

太过专注地爱一个人的时候，总觉得自己给的还不够多，还想对他再好一点，再好一点点，所以人们总说"爱是常觉亏欠"。

但你必须清醒地知道，这其实仅仅是一种需要克制、需要辨别的"错觉"。就像你喜欢吃炸鸡，喜欢到你觉得自己吃再多都不嫌腻，但你不能不加克制地顿顿吃炸鸡，因为你的身体受不了。

其实在感情里从来都没有谁"亏欠"谁这一说。如果你觉得一个人对你"太好了"，也不必觉得自己对对方有所"亏欠"。因为一个人在决定对你付出之前，一定经过了充分的"考量"，一定有他自己的目的和理由，他一定是能在这个付出的过程中获得"价值"，所以他才会这么去做。你必须要承认一点，那就是"别人对我好，是因为我身上有值得他人对我好的价值"，只有这样，你才能在这段关系中获得真正的平等。

在恋爱中总觉得有"亏欠感"，说白了就是一个人在感到幸福时，总觉得似乎只有给得足够多才能换来对方的爱，只有加倍地为对方付出、倾尽所有才能留得住对方的爱。可感情不是"一手交钱、一手交货"的交易买卖，人不是必须得到些什么才可以喜欢一个人、爱一个人。就像你不是必须要为别人付出很多很多，才能获得被爱的资格。

很多人会害怕伴侣有"亏欠感"，因为他们会觉得这是"见外"的表现。我为你付出时间也好，金钱也好，是我表达喜欢你、爱你的一种方式，我这么做的目的是想让你知道"我喜欢你"这件事，仅此而已。如果我付出一分你回报一分，我付出十分你回报十分，我会觉得自己的这种表达给你造成了压力，你并不享受我对你的好，也不需要我的好，你需要不断地回报来支付我对你好的代价。爱一个人不需要常觉亏欠，"亏欠感"会把想来爱你的人推开，它会让你陷入自我怀疑、患得患失的陷阱。

永远不要因为感到"亏欠"而用力"偿还"什么，也不要试图通过无底线的付出去留住什么，"接受自己是值得被爱的"才是我们每个人应该去学习的课题。

男孩子也是需要"安全感"的

只要是一个有情感需求的人，都会需要安全感。

安全感和爱是"绑"在一起的，世界很大，是爱让我们感到安全。

一直以来，主流恋爱观中，大多是在侧重强调女孩子有多么需要安全感，而男孩子应该怎么做才能给女朋友带来安全感，却很少有人提及，其实男生也需要安全感。

在一段健康的亲密关系里，女生也要给到男生安全感。

一句"离开你我完全可以找到更好的",他可能会失落当真;一句"你再这样我就要在心里给你默默减分了",他可能会失眠一整晚;一句"有心者不用教,无心者教不会",他可能会自我怀疑,然后悄悄离开。

其实,无论男生还是女生都是被父母捧在手心里长大的。比起奉献,我们更重视自己在一段关系中能否满足自己内心深处真正的情感需求,而这种需求是不分男女的。

女孩们,在享受被爱的同时,也别忘了给你的男孩多一点宠爱和理解。男孩子会因为感受到你的爱而加倍爱你,因为好的爱情是正向循环,彼此给予对方足够的安全感,才是爱的基础和前提。

为什么恋爱里受伤的大多是女生

为什么恋爱里受伤的看起来大多是女生,因为大部分男生即便受伤了也不会说出来。

我们必须要承认,在婚恋关系里,女生承担的风险确实要更大一些,尤其是涉及婚姻和生育问题的女性。女性在生理和心理上都要承受着更多、更大的压力,而这种压力男性只能分担部分,无法代替全部。再加上大多数情况下，女性更为感性，叠加上压力，这样看来，女性的确是在感情里较为容易受伤的一方。

但人与人之间，"痛"是无法被拿来比较的，也不能只靠性别和固定的思维方式来区分。对于那些在朋友家人面前沉默寡言、分手时一言不发的男生来说，沉默并不代表不痛。

很多男生从小接受的教育是隐忍式的，从小他们就对教育要隐藏自己的需求，多照顾他人感受，要多付出、少索取，男子汉要多担当、少抱怨。在这样的模式下成长起来的男孩子，内心足够善良温柔，却往往在难过时很难找到发泄情绪的出口。他们善于给别人制造被爱的感觉，却不知道怎么把自己对爱的需求宣之于口。

很多人觉得男生不会在感情里受伤，其实是一种非常片面的"刻板印象"。

"爱"需要将心比心，需要彼此体察对方的需求，去保护对方的感受，才是一段关系得以长久的唯一密码。

不要低估女生的爱

你知道女生真正喜欢一个男生是什么样子的吗？

我发现很多人对女生在恋爱里的角色有一定的"刻板印象",好像女生在恋爱里都是理所应当"享受"的一方,男生必须要足够无微不至、会哄人、会照顾人,才能在关系里被对方认可。

但真正健康的关系,从来都不是一方要高高地凌驾于另一方之上,更不是将自己在婚恋中可能承担的风险排列出,并提出苛刻的要求,通过对另一半的挑剔和消耗来加以弥补和保障;也从来都不是以"考核"与"被考核"的形态存在的,它永远都是"相互"的。

而恋爱中真正意义上的"健康关系",是这段关系的双方都拥有独立的人格、独立的生活能力和"爱"人的能力,彼此也都有为这段感情承担责任的底气和勇气,也要拥有珍惜对方的付出,也从不吝啬自己付出的能力。

所以永远不要低估一个女生在爱情里的"能量"。当一个女生真心喜欢上一个人,她会黏人、会心疼、会去他的城市、会不计较结果地用光自己所有的勇气。

而当你被一个女生这样爱着的时候,一定要好好珍惜她,不要伤害她。

会拍照的人，总是很少出现在照片里

在恋爱里有这样一类人，他们喜欢随时随地拿起手机记录恋人生活中可爱又迷人的样子，他们的手机相册里存满了喜欢的人在不同场景、不同角度、不同表情的样子，可他们却很少成为那个被记录的人。他们会花心思为另一半制造各种各样不同的惊喜，会期待每一次对方看到惊喜时意外又幸福的神情，仿佛只要对方快乐，自己就会更快乐，但他们却极少成为那个收到惊喜的人……

越是渴望得到爱的人，越在拼命地给出爱。他们太懂得如何去爱一个人了，因为他们早就在脑海里想象了一百种被爱的模样，所以他们太清楚应该怎么做才能让别人感觉到最饱满的爱意和幸福。看到对方开心的样子，就好像自己也被这样对待过。

以前我会有点心疼这类以"他人快乐为快乐"的人，总觉得他们的幸福来得太过辛苦。但现在我慢慢开始懂了，其实他们需要的从来不是心疼，也不是相同方式的回报，而是"被看见"。能够被看见、被珍惜，这样就足够了。

一个人付出得多，这不是卑微，是勇敢、是强大。一个人持续地付出却被无视、被消耗、不被尊重，这才是卑微的、无意义的。

记得好好珍惜那个对你用心、为你制造惊喜的人,因为你的回应,才是他所有能量的来源。

爱情里的问题,都是人的问题

你们有没有遇到过那种,经常扬言自己不相信爱情,说着伴侣有多坏,还总爱劝身边的人不要把伴侣当回事,否则迟早没有好下场这样的话的人?

这类人其实并不少见,尤其是在网络上。你要是问他们为什么这么说,他们还会搬出自己受过情伤的经历来增强自己观点的说服力。说白了,这部分人就是在"向外"制造"婚恋焦虑",甚至是"性别对立"。

无论哪种人际关系都是会存在受伤风险的,这是一个无须再去验证的客观事实。但这些制造焦虑和对立的人其实才是居心不良、需要警惕的。

一个有情有义、尊重女性的男性,绝不会因为在某段亲密关系中吃了苦头,就走向另一个极端,开始贬低爱情、咒骂女性。而一个内心柔软、善解人意的女性也绝不会因为在感情里受了伤就变得自私无情、敌视男性，成了网络上所谓的"女权"。

爱情的体验是多样化的，有人幸福就会有人痛苦，有人哭就会有人笑。爱情或许可以帮助一个人实现心智的成长，或许可以更新一个人对亲密关系的认知，但爱情永远无法彻底改变一个人的人品和三观。一个人不会因为受伤而变得暴戾，只有那个性格中原本就有暴戾成分的人才会在人生不如意、不顺心的时候"借题发挥"，成为一个暴戾的人。

别让爱情随便"背锅"，因为爱情里所有的"问题"都不是爱情的问题，而是"人"的问题。

情侣关系好，全靠社交少

这些年，我身边有不少朋友在谈恋爱或者结婚以后，就慢慢地开始"销声匿迹"了，尤其是那些和伴侣感情好、夫妻关系好的朋友。

可能有的人会觉得谈恋爱后和朋友疏远了会不会太"重色轻友"了，但在我看来，真正的朋友是不会因为爱情的介入而失去彼此的。相反，如果我的朋友愿意把越来越多的精力放在经营自己的亲密关系里，说明她的感情生活让她感到了快乐和充实，那么我也会因为她的幸福而感到欣慰。

好的爱人一起生活久了，最后一定会变成彼此最好的"闺密"。一起买菜、逛街、探店、旅行、玩游戏、看电影、讨论热点时事……因为真正合适的两个人在一起久了是不会腻的，只会越来越离不开对方，会变成爱人、家人，也是朋友和知己。这个过程势必会"挤走"双方生活中很大一部分其他感情交往的需求，比如和父母的情感交流、和朋友的情感交流……但终有一天你会发现，比起亲子关系、朋友关系，和伴侣一起经营好自己的家庭关系才是第一位的。

因为慢慢地你就会发现，朋友会随着环境变化和成长阶段来来去去，父母会从"依赖"变成需要去照顾的"责任"，而只有爱人才是那个可以和你一体同心、并肩作战、能让你袒露情绪、敞开自己的人。

"爱人"这个角色的含义并不仅限于是"你爱的人"或"爱你的人"，他也是那个和你一起抚育子女、赡养老人、抵御人生一切未知和风险的人，是那个即便生命临近终点也一直陪在你身边和你相濡以沫、共枕而眠的人。

"社交少"并不等于"无社交"，不是为了爱情放弃社交，而是因为爱情很顺利、很幸福，所以不再需要花费精力去经营无用的社交。

男孩子要花多少钱，才能收获爱情？

"钱"是爱情中一个必须直面的问题，尤其是对男生来说。

可以说，一个男生想要"追"一个自己喜欢的女生，他能想到的最直接也是最真诚的方式就是"送她礼物"，也就是"给她花钱"。可一个二十岁出头、刚刚工作甚至还在读书的男生，要投入多少经济成本，才能得到自己想象中的那份爱情呢？

可能会有一些不缺钱的男生说："没关系，我就是喜欢她，送她东西我就是高兴。"但你知道吗？恋爱中无论男生还是女生，如果没有在关系里建立健康的消费观和消费习惯，你的"大方"也许会适得其反。

就像前阵子有位男生朋友和我说，他原本对女朋友很大方，但是相处久了他慢慢发现，只要女朋友不开心了，或者两个人吵架了，女生就会提出"需求"。有时候是一支口红，有时候是一款包包，有时候甚至要他发个红包过来才能消气。只要女生有情绪，不管他怎么哄、怎么道歉，最后解决情绪的办法只有一个，那就是花钱。次数多了，男生便开始疑惑，她喜欢的真的是我这个人吗，还是说她仅仅把我当成是"提款机"呢？

我们很难通过这些表象来判断女生这么做的动机好坏，但可以确定的是，在这段关系里，男生一定是一直以来向对方展示出了"不管你想要什么我都能满足你"的态度。二十出头的女生，尤其是从小被父母宠爱着长大、还没有走入社会的独生女，对"钱是怎么来的"大概率并没有多少概念，她们更关心的是"钱是怎么花的"。这个阶段的女生很容易把男朋友视作类似于父亲一样的角色依靠，尤其是当你并没有坦白自己的消费观、经济实力和经济承受力的时候。

所以，并不是只有"有钱"的男生才能得到爱情，而无底线地为喜欢的人"买单"也并不一定就能换来真诚。人际交往中一定要记得及时"亮牌"，量力而行。其实在必要的时候说"不"，又何尝不是一种对关系的考验和测试呢。如果你拒绝了对方的需求，且诚实地道出自己的原因和难处，对方非但不理解，还要发脾气，甚至提分手，那么这样的关系强撑下去对你又有什么好处呢？

的确，"愿不愿意为你花钱"是可以检验一个人在关系里的真心，但这句话并不只适用于男生。愿意花你钱的人到处都是，但愿意为你省钱、和你一起分担压力的人才值得你倾尽全力去珍惜。

其实他没你想的那么"渣"

世界上没有绝对的坏人，但当一个人为了达到某种目的，以恶意来伤害你的时候，他在你的世界中就可以被认定为"坏人"。相应地，其实世界上也没有人就该是"渣男"或者"渣女"，而当一个不爱你的人利用你的爱背叛了你、辜负了你，那他就成了你眼中的"渣男"或"渣女"。

我这么说并不是在为利用感情的人开脱"罪名"，相反，我希望每一个被"渣"过的人能通过角度置换来从伤害中获得解脱。为什么我们在被"渣"后会如此痛苦、迟迟走不出来，是因为我们给"伤害"本身赋予了太多"意义"，我们以为关系的破裂是一种"失败"，以为被"渣"是一种"抛弃"，以为期待的落空是一种"失去"，所以我们痛苦、我们愤怒、我们有恨意。

但我更希望大家能看到，"渣"有时也不一定是"伤害"。在那些不涉及生命和财产安全的关系里，"渣"仅仅是一种"不合适"而已。一个人欺骗你、否定你、伤害你、背叛你，是因为你和他的认知和需求是完全不同的。就好像你觉得谈恋爱一定要和喜欢的人认认真真地谈，但在他的认知里，谈恋爱不必太认真，有人陪着就行；

你觉得爱一个人最重要的是付出、是真诚,但他觉得谈恋爱最重要的是索取和计较;你在计划未来,憧憬新生活,而他在左顾右盼、随时准备离开。所以你看,两个认知和需求完全不同的人走到一起,必定会互相伤害。与其寻找"证据"来证明一个人是否真的"伤害"了你,不如将眼光放得长远些,去看看导致他"渣"了你的根本原因到底是什么。

我们来到这个世界上,一定会遇到各种各样的人,"鉴渣"不是为了"审判",而是为了找到那个能真正与自己产生灵魂共鸣的人,一起去创造"快乐"。

没有钱可以谈恋爱吗?

这是我今天无意间刷到一个辩论直播时,看到大家在讨论的一个话题。

但我没有参与辩论,也没有在直播间发言,可我却认认真真地站在女性立场去思考了一下这个问题,并问自己:如果现在有一个我很喜欢,但是经济条件真的非常差的男生想和我谈恋爱,我会同意吗?

于我而言，这个答案不是绝对的。我不会仅仅因为"穷"就完全否定一个人，但我会因为"穷"格外警惕一些问题。我愿意陪爱的人一起努力，但同时我也知道，"贫穷"不会破坏"爱"，而"贫穷"背后存在的问题会。

比如，当一个男生的经济条件确实比大部分同龄人都差很多，连他自己的日常开销都捉襟见肘的时候，那他的抗压能力、心理承受能力是否强大，他能否在承受巨大经济压力的同时保持情绪稳定，会不会向身边亲密的人随意释放和发泄自己的压力和负面情绪，以至于会不会伤害到那些真正关心他、愿意陪伴他的人……这些问题很值得去考察。

而如果像这样一个经济条件非常差的男生遇到了一个家庭条件优渥或者收入比他高很多的女生，两个人发展成亲密的恋人关系时，表面上看，男方的压力似乎减小了，但经过长期相处后，这个男生会不会产生自卑、敏感、患得患失的情绪，会不会因为缺乏自信而有意或无意地去打压、否定、控制女朋友呢？彼此的消费观、价值观会不会有巨大的、难以协调的差异呢？这种差异在生活中会不会造成无尽的误解和争吵，直到爱意被消耗光呢？如果女生也很"穷"，也在经济上面临巨大的压力，那么这段关系最终是会变成"互相扶持""共同进步",还是会变成"自顾不暇""互相埋怨"呢?

当然,以上这些问题有时候也并不完全因为"穷",更多的是要看对方的性格和人品。所以在我的认知里,"穷"不能否定一段关系,但需要更多"证据"来验证关系的可靠性。就像对于"有钱"的男生来说,花钱可以等同于他对对方的态度,而对于经济条件没有那么好的男生来说,"花钱"是"花钱","态度"是"态度"。"花钱"这件事是很直观的,稍微计算几次就能衡量个大概,但"态度"是抽象的,是需要用时间去证明、用真心去感受的。

有些女生表面上说希望自己能找到一个愿意为自己花钱的男朋友,其实她只是想通过这种最直接的方式来筛选出那个对她态度最真诚的人。但你也要知道,表达真诚的方式从来都不只有一种。

"爱"比"钱"稀少,"态度"也永远比"花钱"更重要。

所谓断崖式分手,不过是你太迟钝了

其实那些看起来很"突然"的"断崖式分手"都只是表象,你真的相信一个很爱很爱你的人会突然没有任何征兆地不爱了吗?真的有人会毫无理由地决定离开一个人,结束一段恋爱吗?这听起来是不是有点太"科幻"了?

任何形式的"分手"全部都是"蓄谋已久",你以为自己被"断崖式分手"了,其实是因为你在关系里有点太"迟钝"了。任何关系在分手前一定是有"预兆"的,只要你稍微花点心思就一定能捕捉得到。比如越来越少的分享欲,越来越敷衍的回应和神情,当你有负面情绪时他的回避和不耐烦,当你取得成绩和进步时他的无视和打压,越来越漫不经心的牵手、拥抱以及越来越躲闪的眼神交流……"爱"与"不爱"之间的区别,比你想象中要更简单直观。

我经常和大家说,爱要"见机行事",其实就是希望大家在关系里"敏感"一点,不要一股脑地只想着怎么"去爱",而忽略了自己有没有在"被爱"。这不是自私,也不是计较,而是尽可能保护自己,避免在感情中受到太大的伤害。

不是只有"毫无保留"的爱才算真正的爱,对一个"有所保留"的人"毫无保留",就等于手无寸铁地冲上战场,你永远不知道在什么时候、从什么方向会飞来一颗子弹击中你的心脏。关系是由两个人搭起来的,也是要靠两个人同时用心才能维系下去的,不管你有多喜欢一个人,单方面地付出和隐忍了多少,只要这种爱和付出不是双向的,那么它对于关系本身而言就是无效的。

你可以拥有情绪自由

不知道你们有没有和我类似的经历——如果此刻我所处的环境中，所有人都在难过或者开心，而自己却因为感受不到相同的情绪而和环境的氛围格格不入，就会开始自我怀疑，觉得自己是个"异类"。

最典型的就是在学生时代的毕业季时。无论是小学毕业、初中毕业、高中毕业乃至大学毕业，当我看着身边的同学们流着眼泪拥抱在一起，或在讲台上哽咽着发表自己的毕业感言，看着大家三五成群地拍照留念、拉着老师的手诉说着感恩和不舍时，我只觉得很"紧张"、很"局促"，因为我是真的哭不出来。

我不是对校园没有感情，我也会感慨，也会对教室的一桌一椅恋恋不舍，但我就是哭不出来。因为我觉得重要的人不会因为毕业就失去联系，与过去相比，我更向往毕业后精彩的人生和假期里自由自在的生活，一想到那些，我就觉得毕业其实是件蛮好的事。但是我不敢把我的想法说出口，我怕别人说我"冷血"，说我"不懂感情"，我怕我会因为流不出眼泪被这个班级"奚落"或者"孤立"，我生怕自己内心的那份快乐和期待被人看穿，从而被当作是"自私和"薄情寡义"。

就这样,从小到大的每一次毕业典礼,我都是带着"恐惧"的心理去参加的。大学的毕业典礼我更是谎称自己去参加招聘,请假缺席了。

但现在的我再回头看,只觉得那份恐惧里更多的是"不自信"。因为连我自己都不认可自己的情绪,连我自己都不确定自己的情绪和感受是否"合理",所以,我才害怕自己的"不同",我害怕自己和环境格格不入。可事实上,只要情绪发生了、存在了,它就是合理的。

这不是说大部分人是什么情绪,什么情绪就是"对的""应该的"。情绪没有好坏之分,也没有"应该"和"不应该"之分。每一种情绪都是"想法"的产物,而我们每个人都拥有"情绪自由"的权利。你可以难过,我也可以开心;你可以觉得这件事是坏事,我也可以觉得这件事是好事。这种差别就像你喜欢吃馒头、我喜欢吃花卷一样简单。

所以,大胆地去袒露自己的情绪吧,说不定你会因此而找到那个和你感同身受、频率一致的灵魂伴侣。

去和能给你能量的人在一起

"你要去和能给你能量的人在一起"这句话，是我曾消沉时，我的一个朋友和我说的。

当时的我听到这句话时只觉得不切实际、太过"理想化"。因为每个人的生活都是千疮百孔的，谁会无缘无故地来给我输送"能量"呢？我又有什么资格伸手向别人索取"能量"呢？

直到后来我遇到了越来越多各种各样的人，我才突然间开始明白朋友说的那句话到底是什么意思。其实两个对的人在一起，是真的会"自动"散发能量的。不是我向你伸手要你才给，而是当我们在一起时，即便彼此什么都不说，也能在对方身上源源不断地获取"能量"，在彼此眼中对方都是那个"发着光"的存在。

就像地球在太阳身上获得"能量"，是地球向太阳伸手"要"来的吗？是太阳刻意地想把能量"送"给地球吗？都不是。它们只是在各自的轨道上平稳而独立地运行着，在对的时间、对的地点、对的距离，完成这种能量的互动。

所以不妨把"是否能从对方身上获得能量"作为衡量一段关系和一个人是否适合你的一项依据吧，当你和一个人在一起时发觉自己越来越自信、乐观，发现自己更有底气去应对生活中的一切困难和风险时，那么这段关系就是滋养你、给你能量的。而当你在一段关系中时常自我怀疑、长时间焦虑、内耗，那么这段关系就是不健康的，是需要你抽离的。

亲爱的，去和能给你能量的人在一起吧，和对的人一起才能闪闪发光。

独立和相爱并不冲突

不是只有不谈恋爱、不结婚才能证明一个人的"独立"。

其实"独立"和"相爱"并不冲突，因为一个人无论是在单身状态下还是在恋爱或婚姻状态中，从始至终都是一个独立的生命个体，这一点是事实，不需要被证明。

平日里我们讨论的"独立"主要指"精神独立"和"经济独立"，这两者之间其实是相通的。一个精神不独立，不能接受独处，不能独立思考，无法消解孤独感，无法控制自己的情绪，需要被哄着、被宠着才能好好生活的人，是很难专注于自己的事业和生活的，这类人大概率在经济上也是不独立的。而一个不能养活自己、需要想方设法从父母或伴侣的钱包里索取经济来源的成年人，必然在精神上也是不自由、不独立的。因为"受制于人"，所以过得小心翼翼、底气不足。

如果你想成为一个"精神独立""经济独立"的人，你要做的不是切断自己和这个世界的关联，拒绝任何人对你的付出，而是在享受被爱的同时让自己拥有"即使不被爱也可以过得很好"的能力。你可以接受恋人昂贵的礼物，但你必须确定即便对方没有送礼物、你也有实现自己愿望、取悦自己的能力。你可以依赖一个人的陪伴，但也必须意识到对方有随时离开你的自由，且要确保自己在那一天到来时可以坦然接受，然后继续自己的生活。

真正的"独立"不是"孤独地站立"，而是以自信和坦荡的姿态接受生活中的一切得失，是无论被爱还是不被爱时都不会忘记爱自己的能力。

所以大胆地去爱吧，以独立的、勇敢的、自信的、坦荡的姿态，好好珍惜那个爱你的人。"相爱"和"独立"并不冲突，恰恰是一段好的爱情才能帮你看到自我、实现自我、善待自我。

深情留不住爱人，价值才能

如果你很爱一个人，很想和他在一起，不想和他分开，那一定不要用"深情"感动他，而是要去用"价值"吸引他。

用"价值"吸引对方，并不是说只要你有钱、有名、有权，有很高的社会地位就能轻而易举地得到爱情，这里的"价值"是由对方的需求决定的。如果他需要一个多金的恋人，那你只有赚到很多钱，可以为他"挥金如土"，你才是有"价值"的。如果他需要的是一个理解他、关心他、陪伴他的伴侣，那即便你是"千万富翁"，只要你提供不了这些"情绪价值"，你照样留不住他。

其实任何人际关系归根结底都是人性的博弈。人不一定会被最昂贵的东西吸引，但一定会被自己最需要的东西吸引。即便你再爱一个人，为他付出得再多，如果你身上没有对方所需要的"价值"，那么你的"爱"对这段关系来说就是"虚弱无力"的。

用"价值"吸引对方，也不是说要去盲目地迎合对方的需求，强迫自己去做不擅长的、不喜欢做的和不会做的事。毕竟和他的需求同等重要的，还有你的需求。当你在一段关系中走得越来越吃力、越来越力不从心时，也要记得问问自己的需求是什么。你想要一段怎样的恋爱，一个怎样的恋人？想要的是什么样的生活？和他在一起，我的需求能得到满足吗？

当你看清关系的本质是"价值吸引"而不是"互相感动"时，你就会发现，其实每段关系的结局从一开始就是注定的。而我们要做的，仅仅是去看、去听、去努力、去感受，去把那个答案亲自找出来，然后认可它、接受它。

去谈一场有效恋爱吧

你知道什么是"无效恋爱"吗？

不是说谈恋爱没谈到"结婚"就是"无效"的，"无效恋爱"是指一个人无论谈多少次恋爱都无法在关系中得到认知和观念上的成长，始终没有通过恋爱更好地认识自己。这类人会将每一次恋爱的失败都归咎于对方、对方的朋友、对方的家人，却从来没有意识到自己在亲密关系中有哪些需要完善的地方，如何在下一次恋爱中更好地经营关系，如何去选择一个更适合自己的人。

我真的不希望大家抱着"找个人结婚"的心态去谈恋爱，这个动机从一开始就是"错的"，因为"结婚"并不是人生的终极目标。

办一场婚礼、领一本结婚证过后,你会发现其实生活并没有发生太大的改变,那些令你恐惧的依旧令你恐惧,那些让你担忧的依旧让你担忧。即使再相爱的两个人,也很难满足彼此对"婚姻"的全部期待。如果有一天,你爱的人不愿再接受这种失望和落差,决定"下车",你能做的也仅仅是尊重、接受,然后挥手告别。

人生不是电影,不是所有人都会在一场盛大的仪式中迎来那个皆大欢喜的结局,这个世界的大多数真相是没有人会永远陪着你,你能掌握的永远只有你自己的生活。

所以"有效恋爱"一定不是"功利"的,比起纠结这段关系能不能走到"结婚",我们更应该关注的是自己有没有在关系中得到成长。很多人谈恋爱的时候会在一开始就说明"我想以结婚为目的和你交往",这算"功利"吗?当然不算,这是一种表态,希望对方看到自己对关系的"认真"和"重视"。"我想以结婚为目的和你交往"不等于"我想和你结婚",我们都希望和喜欢的人一直在一起,能在未来一起生活、一起见证彼此更好的人生,但能实现这一切的前提是"你喜欢他""你们经过了充分的交往和了解",而不单单是"他愿意和你结婚"。

当你谈过一场"有效恋爱"后就会发现,其实谈恋爱这件事不光是让你学会如何去爱别人，更重要的是去学习如何爱自己。尤其当你谈过不止一段恋爱以后，你会突然发现，在这几段恋爱中总会有些问题和矛盾是相似的，好像你总会因为同一个问题和不同的恋人碰撞出各种各样的冲突，好像你渴望的某样东西从始至终都没有得到满足。这个时候你或许应该问问自己，这个世界上是不是压根儿就没有人能给我这样东西？这样东西我真的需要吗？如果我真的需要，一定要"有求于人"吗？我能自己满足我自己吗？当你思考到这一步的时候，恭喜你，你开始真正试着"爱自己"了。

不是所有人都有"能力"去谈一场"有效恋爱"。如果你能在关系中将目光时不时地转移到自己身上，多去体察自己的感受，去看到自己在恋爱中想要的到底是什么，如何通过恋爱让自己更幸福，那么请你大胆地去谈恋爱吧！"有效恋爱"如同一门人生的"必修课"，唯有上过这门课，你对自己的认知才算得上完整。

"好男人不会在市场上流通"是真的吗？

我经常听到身边单身的女生会说："抓紧时间谈恋爱吧，再往后好男人都被'挑'走了！"

这背后的意思是人品好、条件好、又会照顾人的男生善于维护感情、经营关系，不容易分手，大概谈个一两年恋爱就结婚了。只有人品不好、不会照顾女朋友的人才会反复被分手，长时间保持单身的状态。

不知道为什么，每次听到这样的言论我都觉得很不舒服、很别扭。如果用是否单身来判断一个人的好坏，这是否有些太片面了呢？

其实一个人是否单身，是否在"流通"，和这个人人品好不好、能不能成为一名好的恋人压根就没有关系。因为善良的人不一定"运气好"，再优秀的人也没办法让所有人都喜欢。能不能遇到一个适合自己的人，能不能经营好一段长久稳定的亲密关系其实很多时候是要看"运气"的。相爱的人想长久地走下去不是光靠刚开始的"我喜欢你"和"你喜欢我"就行，而是要看两个人的三观是否一致、彼此的需求能否在关系中同时得到满足。

所以，不是只有两个"好人"谈恋爱才能走得很远，两个"坏人"如果"臭味相投"照样可以携手白头、爱得昏天黑地。所以"恋爱成功"证明不了你这个人有多好、有多重感情、多会照顾人；"恋爱失败"也不等于你是被"市场"淘汰了或者否定了，只是因为那个适合你的人还没出现，时机未到，仅此而已。而当你有一天不再需要通过"有没有伴侣"这件事来确定自己的"价值"时，你才算是真正地开始爱自己、接纳自己。

我们来到这个世界从来都不是为了按照某个固定的"剧情节奏"来完成自己的"人生流程"，不是所有人都要选择同一种生活方式，也不是所有人都要遵守同一套"价值评判体系"。如果你感到幸福、感到快乐，那么无论你做什么都是有价值的；如果你在一段关系里感到压抑和疲惫，那么早早地结婚生子对你来说又有什么好处？不过是给自己徒增痛苦罢了。

所以不要因为害怕"落单"，不要因为害怕找不到"好伴侣"而手忙脚乱地恋爱。先肯定自己、爱惜自己，再去寻找那个能看到你价值，能和你一起幸福的人。

被好好爱过的人是幸运的

如果你曾经被一个人好好地"爱过"，无论你们后来有没有分手，有没有走到最后，你都是幸运的。因为人只有被认认真真地爱过，在往后的恋爱里才不会轻而易举地把别人的一点点讨好当作是"爱情"。真心爱过你的人会提高你恋爱的门槛，见过了什么是好的爱，就再也无法在"差点意思"的爱里周旋。

当然,每个人对于"被好好爱过"的理解都是不一样的,就像每个人对情感的需求不同,适合的伴侣也不同。所以"被好好爱过"其实就是拥有一段对你来说强烈又难忘的情感体验,而且这种体验一定是有"时差"的。拥有的时候不觉得有多珍贵,失去的时候也不觉得多可惜。直到你后来遇见了越来越多的人,在感情这条道路上磕磕绊绊地走了很远很远,才会在后来的某一天、某个瞬间突然意识到,原来曾经那个人给你的才是对你来说最需要的,也是最珍贵的。意识到这一点后,你不会回头去找他,去"求复合",你知道那段关系早就走到了尽头,但你会更加明确自己想要的东西,这段关系中最重要的是什么,以及在下一段恋爱开始前你应该重点去关注什么。

而这,就是一个人"被好好爱过"以后最大的收获。

内耗或许只是因为太善良

太善良、太过有同理心的人必定会活得很"累"。

因为你善良,所以比起快乐和幸福,你更关心那些会使人感到痛苦和难过的部分。你会因为看了一部电影、读了一本小说就把自己代入主人公的角色里，在他经历磨难的时候去感受他的无助和绝望，在他绝境逢生的时候感动到泣不成声；你会因为和朋友聊了一次天、见了一次面就对朋友的境遇念念不忘，会时常想起他对你诉的那些苦，会因为在某个瞬间想起朋友的遭遇而突然感到强烈的愤怒或悲伤；即便你正身处在一段不健康的关系里，并且已经在这段关系中受到了很多伤害，但你仍然会因为不想伤害对方而不愿主动提出分手；你总能体察到别人的情绪、别人的需求，却唯独忽略掉了自己的感受、自己的心情，所以你情绪起伏大，你内耗，你很累。

我知道你也很无能为力，因为你的这种善良和由此产生的各种情绪大多数情况下是"不受控制"的，是你无意识的本能。但我有一个建议，那就是请你平等地善待自己吧，用体察他人的方式也来体察一下自己，用理解别人的角度理解自己，用善待对方的方法来善待自己。

你可以共情他人，但这不意味着要忽略自己的情绪和需求；你可以不伤害他人，但必须确保自己也是不被伤害的那一个；你可以心疼朋友，但记得也要心疼自己、照顾好自己、用心地爱自己。因为一个不幸福的人即便再善良，也无法用自己的善良为身边的人带来帮助。

"无视掉自我感受"的善良百无一用,既帮不了别人,也帮不了自己。要先对自己善良,才能让自己的善良成为照亮别人的光。

关系越近,越是要讲礼貌

其实很多人都"搞反"了,都以为只有面对不熟悉的人才要讲"礼貌",觉得和亲近的人讲"礼貌"会显得生疏。但事实上,"礼貌"并不能改变人际交往中人与人之间距离的远近,越是亲近的人才越需要"礼貌"和"尊重",我们需要经常表达感谢和爱意,让对方在付出的同时感受到回应,恰恰是面对那些"不太熟"的人时,有时我们不必太过"礼貌"。

你会在谈恋爱的时候经常说"谢谢"吗?在亲密关系里,及时地说"谢谢"是一件很重要的事。在对方随手为你做了一件小事时,比如帮你系好了鞋带、随手帮你买了一杯你喜欢的奶茶或是很用心地为你准备了一份礼物、制造了一场浪漫温馨的告白时,一句"谢谢"有时要比一份昂贵的"回礼"让人开心得多。因为"谢谢"这两个字在此时的意义不仅仅是"很感谢你为我做这些",而是"我看到了你的付出,我知道你本可以不这么做,你对我的付出并不是理所应当,所以我会记住你的好"。

其实不管对恋人也好,朋友也好,甚至是父母,都是需要"讲礼貌"的。因为距离近,因为太过熟悉,所以我们总是容易忽略身边人的付出,以为那些陪伴也好,关心也好,照顾也好,都只不过是我们生活中的一部分。但我们忘了,这些我们习以为常的陪伴和温暖也是需要被看到、被珍惜、被回应的,没有人"应该"对谁好,被爱的时候也要记得说"谢谢"。

说狠话的人,才是最弱势的那一个

真正的"狠人"是不会说"狠话"的,而那些在吵架时脱口而出的扎心的话,除了能表达"我很在乎这段关系""我现在很愤怒""我破防了",没有任何用处。这就是为什么我们常说,真正的离别都是悄无声息的。

我们每个人都需要克制愤怒时说"狠话"的欲望,不是为了别人,而是为了自己。当你需要用"放狠话"来宣泄自己的情绪、表达自己的态度时,说明你对这段关系并没有彻底死心。你仍然有表达的欲望、沟通的欲望，你仍然处于"输出"的状态。你在输出情绪、输出态度、输出你内心最真实的感受，并且也在期待着回应。

但矛盾之处也在于此，你一边渴望对方的回应和安抚，一边用最绝情、最恶毒的话把对方一次次推开。你想"抢救"这段关系，但你所做的一切都是在"杀死"这段关系。任何人都没有义务理解你的"伤害"，体谅你的"伤害"，人的本能就是当伤害来临时尽快逃跑，一刻也不要停留。

而一个人在真正失望、想要离开的时候是一句话都不想多说的，因为他们已经在心里做好了决定，所以没必要再徒增伤害，继续纠缠。只有无能为力，既不愿意离开，又解决不了问题的时候，人才会"失态"，会"发疯"，会不计后果地发泄自己的情绪，把对方"逼"走后又开始后悔，为自己的情绪不稳定而感到自责。

"狠话"是最没有用的东西，真到了无能为力的时候，"沉默"都比它有力量得多。

得到爱情的同时，请不要舍弃面包

"谈恋爱"总是离不开"谈钱"，但有一点我真的希望大家能够记住,那就是"不管和谁谈恋爱,一定要管住自己的钱包"。

之所以这样说,是因为我听到过太多因为谈恋爱造成经济损失,甚至难以维系正常生活的真实事例。我们常常以为,成年人表达爱意最直接、最真诚的方式就是给对方花钱,对伴侣大方不吝啬,分享自己所拥有的一切。可我们在拼命表达爱意,生怕对方觉得自己给的爱还不够多的同时,却常常忽略了自己是否也是被爱的,这段关系又到底是不是"平等"的。

"平等"是指在竭尽所能为对方付出的同时,对方是否看到并珍惜,且愿意在能力范围之内也做一些付出,让我们看到回应,并确定自己的付出是值得的。

我常常和大家说,无论你多爱一个人、想为他付出多少,都要学会"见机行事",尤其是当你们交往时间不长,对对方还没有充分了解的时候。

假设你现在全身上下只有一百块,如果一下子把自己的全部积蓄都交给对方,然后在未来某一天里,突然发现他并没有那么喜欢你,在他身上你也得不到任何回应的时候,你肯定会抱怨,认为对方只想花自己的钱。但转念想想,哪怕你先为他花掉二十块、五十块,在看到他的真诚和回应后再"和盘托出",也比"毫无保留"地付出,要对你自己"公平"得多。

这个世界上没有人可以逼迫你交出自己的全部，你大可以在一段关系中，把"付出"的节奏放得慢一点，在荷尔蒙上头的时候提醒自己理智一点。这不是"抠门"，也不是"小心眼"，这是人际交往中最基本的自我保护意识，是让你在恋爱中不至于彻底失去自我的最后底线。

和不爱你的人一起，做什么都是错的

和一个不爱你的人在一起，只要你没有满足他的需求，没有给他提供正面的情绪价值，那你做什么都是错的。

而他可以这样肆无忌惮的原因，是因为他不爱你，所以他拥有了"能够要求你、挑剔你、指责你、打压你甚至随时离开你"的权利。自然，他也不害怕你会离开。

我曾经遇到过这样一个问题——男朋友和我提出想结婚，可我还没做好准备，就一直拖着没有同意，结果他因此提出了分手。分手后不到半年他就和另外一个女生结婚了，还说是我太"作"了才把他逼走的。

当时的我一直在想,是不是我有问题?会不会是因为我的纠结才错过了一个原本很爱我、很适合我的人?

可现在想一想,这件事最大的问题就是你误以为对方很爱你、很适合你。每对相爱的恋人都会向往结婚,但结婚不是恋爱存在的唯一意义,如果仅仅是为了"找个人结婚"而去进行交往的恋爱也不值得留恋。不管是恋爱也好、结婚也罢,这些都不是为了完成人生的某个固定流程的必要仪式,而是想通过建立亲密关系,通过爱与被爱切切实实地感受到幸福,感受到自己是被需要的,是有能力去为爱的人做些什么的。

如果他爱你,当你们出现矛盾,遇到问题时,他会想尽办法地去解决问题以继续维系关系,他会弄清楚你为什么不愿意结婚,弄清楚你在顾虑什么、害怕什么、担心什么。

他会想了解你的原生家庭、情感需求、人生规划,然后去寻找一种解决方案来打消你的顾虑,治愈你的创伤。

他会想到应对这一切的各种办法,但唯独不会选择离开你,指责你。

只有自私又冷漠的人,才会以自己需求为中心来评价你和一段关系。也只有压根儿不懂什么是"爱"的人,才会以"你能不能让我高兴""你会不会让我不痛快"为标准来决定一段恋爱的"存亡"。

那些不想走的人，就算被伤了一百次心也还在频频回头；而那些想走的人，你的任何一点"纰漏"都可以成为他移情别恋的理由。面对这样的人，你要做的不是去改变什么、挽留什么，而是去看清自己的价值，了解自己的需求，允许自己不被爱，然后目送他离开。

愿你拥有大胆去爱的勇气,
也永远不缺转身离去的底气。

WINTER

冬

这个世界上从来就没有什么无法释怀的青春，那都是对现状不满意，又没有行动力的人的说辞。往前跑吧，只要步履不停，我们就永远还有幸福的机会。

BU YAO ZAI XIANG XIANG DE AI LI CHEN LUN

勇敢是生活唯一的解药

其实我们在生活中遇到的大部分问题,都能在"勇敢"中找到答案。

我见过太多人,包括我自己也是,我们在二十岁出头的年纪做着一份稳定体面但并不适合自己的工作,每天都在"我回家就写辞职报告"和"这个班我还能再上几天"的状态里反复横跳。好不容易遇到一个喜欢的人,在幻想两个人未来一起甜蜜生活的同时,还时刻防备着对方会不会不真诚、以后会不会变心,在恋爱里处处"拧巴"。

仔细想想,为什么我们总是在一段关系里患得患失、束手束脚、瞻前顾后?

归根结底,是因为我们不够勇敢,因为"怕"。

我们怕付出的真心打了水漂,怕一段恋爱谈到最后没有结果,怕自己不够优秀、不被认可,怕受伤、怕辜负……的确,勇敢过后不一定就会成功,更多时候我们还需要为勇敢承担更大的代价,但这又有什么关系呢,只要勇敢过,至少永远不会后悔。当你发现原有的生活轨迹并不能让你变得更好的时候,不妨向外走一步,勇敢地做些改变,为幸福创造更多可能。因为失败和遗憾相比,真的不值一提。

当下,我将我曾经看到一段评论,分享给每一个正在阅读这本书的你:

"我做过很多勇敢的事,虽然大部分没有回报,甚至对大多数人来说这些事毫无意义,但我仍旧认为,这些组合起来,就是我人生的高光时刻。"

别信承诺,信良心

人生很长,我们靠什么来确信两个相爱的人能不能走到最后呢?承诺吗?

情到浓处的时候,承诺像一勺甜蜜的调味料,给原本就如胶似漆的一对恋人施以无限美好的想象。可一旦当问题无法解决、关系面临破裂时,曾经的海誓山盟就像撒在伤口上的一把粗盐,磨得人生疼,刺得人剧痛。

可以编的谎话、仅你可见的朋友圈状态、只要打字快谁都可以做到的消息秒回……只要有心，对方照样可以悄悄给别人发消息，就算时时刻刻都黏在一起也没用。

所以爱情这件事，不论距离，只论良心。你永远无法让一个自私薄情的人看到你的好，也永远无法让一个不爱你的人对你倾尽全力。

所以，支撑我们幸福到最后的不一定是心动，但一定有良心。

而从一开始就选择和一个有良心的人谈恋爱，才有用。

嘿！别焦虑啦

据说二十岁到三十岁的这十年，是最贫穷、最不快乐、最纠结的十年，是人生的"至暗时刻"。

这段时间，我们离开了学生身份的保护，看似具备了养活自己的能力，但内心实则还是个十分倔强又理想化的小孩，一边踌躇满志地渴望证明自己的价值，一边又不停地自我怀疑、自我否定，三观在一次次困顿和碰壁中不断被打磨。

如果说焦虑是二十多岁的常态，那么处在这个阶段的我们，到底要多完美才能不焦虑？要有多优秀才配得到幸福呢？

男生二十五岁没有存款,可以谈恋爱吗?

大学快毕业了从来没有交过女朋友,这正常吗?

身高不够一米八,还有点胖,和喜欢的人表白会被拒绝吗?

……………

这些真实而又诚恳的问题和处境,让我们直观地感受到我们内心深处的焦虑到底是什么。

但你们知道吗?其实有非常多的人在说起自己理想的另一半时并不会具体细化到"身高""身材""存款"之类的字眼,真正吸引人的是三观,是人品,是阳光、健康、善良,更是责任、勇敢和真诚。

所以别再焦虑啦,二十多岁的你也许不完美,但属于你的爱情往往会在你最不完美的时候降临。

因为能接纳你的真实和不完美、陪伴你走向完美的人,才最珍贵。

为爱奔波是真心人的天赋

有段时间,社交网站上有一个很火的话题,叫作"你有独自乘车去见过谁吗"。

人们纷纷在社交平台上晒出了机票、车票、地图轨迹等,讲述自己记忆里的故事。

如果你也曾有过这样的经历，那我希望你能记住：

为爱奔波是一种天赋，永远不要否定和质疑自己的付出，因为并不是所有人都能做到这样。

其实，很多时候我们在爱情里奔波也好，吃苦也好，并不是一定要求有一个"结果"。因为我们都很清楚，并不是所有的故事都能走到最后，爱情这件事不是光靠一个人的努力就能修得圆满。但即便如此，这人世间仍然有人前赴后继地去爱、去付出，因为对他们来说，宁可失败，也不愿后悔。

曾经，我谈过一场长达五年的异地恋，对方工作特殊，很少有假期，也很少回家。我们大部分时间只能用手机联系。有一次我为了见他，买了一张机票，独自一人跨越两千多公里，只为和他见上两个小时，最后连一顿饭都没来得及吃。

现在想想，那时我可真勇敢啊，根本没想过这一路的奔波值不值得。但我也真的很感谢那时的自己，因为那个为爱奔波的女孩教会了我：相爱时用足了真心，离别时就会最先得到救赎。

因为付出最多的人，在故事的最后也会最早释怀。

减少期待，就会开始幸福

爱，是会被消耗的。

其实，绝大多数分手的原因并不是劈腿、变心，而是彼此的爱意在漫长的"磨合"中被消耗得所剩无几，两个人都没有力气继续"磨"下去了。

恋爱初期，大部分人都是怀揣着心动和期待在一起的。因为喜欢，所以一定会对对方有所期待：期待自己能拥有一段理想中的完美幸福的爱情；期待对方能用自己喜欢的方式来爱自己；期待对方能读懂自己，能彼此心有灵犀；期待这段关系能一直走到最后。

然而事实却是，没有人会永远按照你想要的方式来爱你，即便是你的父母也很难做到。

于是我们开始不停地失望，失望多了就会开始埋怨，埋怨多了心就开始变远，当初的喜欢被一点点消耗殆尽，最后还要把关系变坏的原因抛到对方身上——我对他失望透了，他和一开始根本不一样。

遇到心动的人时，我们每个人都想表现出自己完美的样子，这不是"欺骗"，也不是"掩饰"，更不是"错"。是我们不该用自己想象出的那个"完美恋人"的壳子去往另一半的身上套，更不该用苛刻的眼光去"神化"一个活生生的人。

所以,我们不妨带着"开盲盒"的心态去谈恋爱,比起虚幻的"期待",不如对恋人多一点"探索"和"包容"。

这个世界上没有完美无缺的人,爱情也一样。

长大以后,记得富养你内心的小孩

一天,我在逛街的时候路过一家文具店,店门正对着的货架上摆放着一排"钻石笔"。其实这种笔就是在圆珠笔的顶端镶嵌了一颗巨大的塑料钻石,但却足以让一个小女孩为之"神魂颠倒"了。

我小时候也很喜欢这样花里胡哨的小文具,但从小学到大学,直到后来考编、工作,我的笔袋里却永远只有黑、蓝、红三种颜色的笔,因为爸妈一直告诉我——花钱买东西,实用才是最重要的。

当我盯着这排亮晶晶的钻石笔正看得入神时,一个路过的小女孩也注意到了这些亮晶晶的文具,缠着妈妈要买钻石笔。女孩的妈妈没有同意,女孩也没有闹,只是悻悻地走了。那一刻,我拿起了一支我原本没想买的钻石笔,去收银台结了账。

年幼时总觉得万事万物永远天长地久,但长大后才明白,每个人的愿望其实都是"限时"的。小时候哭着嚷着想要却没有被满足的东西，大概率这一辈子都不会再拥有了。因为等你长大后赚钱了就会发现，这时的你，相比起一支笔、一把玩具手枪，你更需要攒钱买一部手机、一台电脑，甚至是一部车子、一套房子。而那个愿望一直没有被满足的小孩会一直停留在那段记忆里，他像一个未做完的梦，更像一个孤单的、无助的、需要被理解的、被偏袒的另一个世界的自己。

终有一天，我们不再需要通过和父母哭闹来满足自己愿望，等到那时，别忘了回头看看那个一直停留在原地的小孩，多给他一点爱，然后告诉他——

慢慢长大吧，你的愿望一定会实现，我保证。

不要成为别人伤害你的帮凶

除了身体上的疼痛，很多时候，我们所感受到的大部分痛苦其实都是由自己的认知带来的。

在这漫长的一生里，我们永远无法避免被伤害，就像我们不能保证自己遇到的每一个人都是善良、真诚的，不能保证只要自己足够努力就能心想事成。从出生到死亡,"如何与伤害和平共处"是我们终身需要学习的课题。

伤害不会消失,但我们可以通过调整认知来尽可能地减轻被伤害后所带来的影响。如果一个人在受到伤害后马上将自己代入"受害者"的角色里,一遍遍地反问:为什么受伤的是我?为什么我这么"倒霉"?他凭什么这么对我?我是不是永远不会遇到真心对我的人等问题,这样非但永远得不出结果和答案,还会让一个原本受到伤害的人再一次陷入内耗,就这样无限循环。他人的攻击也许只是划伤了你的皮肉,只有你自己才是那个第二次将毒箭射向自己心脏的人。

相反,如果一个人在受到伤害后能及时认清形势,逃离不安全的环境,保护好自己以避免再次受到同样的伤害,并且能不断给自己积极的心理暗示:我要保护好自己,不能让自己受伤,我要多做一些让自己开心的事,让自己快一点走出来……这样,崭新的幸福,也就可以早一点到来。

去做一本书,别做一幅画

无论你有多么想拥有一段美好的爱情,都请不要抱着"我要谈恋爱"的心态去寻找恋人，不要为了谈恋爱而谈恋爱。

当你带着强烈的目的性去主动接触陌生异性时，这段关系就很容易变成一场"交易"。因为你是从自身需求出发，去浏览和筛选能满足自己需求的对象，你会尽可能地在短时间内找到目标，并在花费一定的成本后尽快占为己有，或是为了在择偶市场中获得优先选择权，尽最大努力将自己所有的优势以及可能吸引到对方的"卖点"，在第一时间全面地呈现在对方面前。

为什么很多人到了适婚年龄会很排斥相亲，其实就是不愿意带着很强的目的性去寻找合适的恋爱和结婚对象。但我一直觉得，相亲本身是一种拓宽社交渠道的形式，而这种形式本身是否带着目的性，取决于你怎么看、怎么想。

当你把相亲当作一种"货比三家"的交易和权衡，那它本身就是不纯粹的、不真诚的，但如果你把它视作一场线下的"随机聊天"，当作是两个各自带着故事和心愿的漂流瓶在现实里的一次相撞，那它就不过是你与这个世界碰撞时其中的一瞬而已。

希望大家都能去做一本有趣的书，而不是那幅被挂在墙上、等着被人一览无余、品头论足的画。

先有边界，再有关系

无论多么亲密的关系，都需要通过"边界"和"规则"来确保关系的稳定和长久，就像你和任何一个人谈恋爱之前，都应当先去尊重对方的独立人格和个性需求。他得先是一个"人"，才能是你的"爱人"，你得先能体谅他的感受，才能谈得上"爱"他。

大家在准备开始一段恋爱之前，不妨和你的恋人提前制定一份《恋爱守则》：

不管多生气都不能意气用事，任何一方只要做错事，都要勇敢地和对方道歉；不能因为爱面子就不承认错误；永远不拿对方和别人作比较；有不开心的事就要及时说出来，不能不告诉对方；不要说反话，更不能随便提分手。

这些守则听起来好像很好接受，但想真正落实却并不简单。这需要双方都有一定的情绪控制能力和理智思考能力，要能在任何情况下都可以做到基本的换位思考和互相体谅，而这些能力才是直接决定一段关系能否稳定发展的关键。

在这个世界上，没有绝对亲密的关系，"肆无忌惮"是任何一段关系中的"大忌"。遇到自己喜欢的人已经很难得，所以感情才需要格外用心去经营。产生负面情绪时能做到不用情绪去伤害他人、伤害自己，能直接地表达自己的需求和想法，不扭捏、不故意说反话，解决问题不逃避、不"甩锅"……

而能做到这些，才算是具备了"爱"人的能力。

轻舟已过万重山

你第一次有"轻舟已过万重山"的感觉是在什么时候呢？

是在上大学后的某一天，突然想起高三那年没日没夜刷题备考的时候，还是在一个平常的日子里，下班后追着剧吃着最爱的麻辣香锅的时候，还是突然回想起曾经因为失恋吃不下东西，躺在床上什么都做不了的时候？

其实我们这一生都在做着同一件事，那就是探索生命的"弹性"。我们不断地接受挫败、失望、伤害，又不断地证明我们的承受能力远远超过自己的想象。所以当那些你无法接受、害怕面对的事情发生时，其实你什么都不用做，你只需要"活着"就好了。

因为只要你还"活着"，你的人生就永远不可能停在原地，即便你不想往前走，也由不得你做主。

时间会永恒地流淌，它会带领着你，跟这个千变万化的世界一起，去迎接属于你的崭新的未来。而在那个新的未来里，总会有些你梦寐以求的东西。

允许伤害发生

有"关系"的地方，就会有"伤害"。

不管你愿不愿意承认，人际关系本身就是一件非常"危险"的事情。在人与人之间，各种关系中都"潜伏"着大大小小的伤害，即便是在你眼中最亲密的关系也是如此。

世界上没有完全相同的两个人，每一个个体都是不可复制、独一无二、充满个性的存在，而有差异的地方就会有冲突，而冲突本身有时就会是一种伤害。

所以，当你做好准备和一个人建立关系时，无论是恋人关系、朋友关系还是合作关系、同事关系，我们不仅要做好受益和快乐的准备，也要做好受伤和难过的准备。而允许伤害发生，且有能力在伤害发生时及时止损、自我疗愈，这才是成年人的社交守则。

允许伤害发生，也并不代表关系中的伤害可以被轻而易举地合理化，也不代表可以无底线地包容一切伤害。正视伤害的存在，是为了更好地保护自己尽量少受伤害，是为了在受到伤害时能够自洽，减小负面情绪的波动，把思维的重心从"为什么"变成"怎么做"，帮自己更快地自愈。

这个世界对我们最大的诱惑力就在于，我们可以在与外界产生关系的过程中获得不可代替的、妙不可言的新鲜感和幸福感。但同时，我们也在不断地承担风险来为这些感觉买单。但即便如此，仍然有人前赴后继地去爱、去拥抱、去奔赴，因为这些感觉，才是能证明我们存在过的最有力的证据。

别太快把别人当回事

其实恋爱关系里最危险的，就是太把别人"当回事"。

很多刚开始谈恋爱的人，对于一段恋爱关系是非常理想化的。喜欢一个人就会带上很重的滤镜去看他，总觉得这个世界上谁都不如他，谈恋爱了就幻想结婚，想要一辈子和他在一起，哪怕看到了他的缺点都觉得好可爱、好喜欢。而这个状态，用网络上的词来形容就是"上头"。

短时间内对一个人快速"上头",是一件风险极大的事。人是复杂的、幽深的、差异化的,永远不要相信一瞬间的感觉能让你了解或者看清一个人,这是不可能的。一个看起来再单纯、再简单、再无忧无虑的人,也有着他的过去、他的故事、他的需求、他的底线。如果你仅仅靠一两个月的了解和喜欢,就盲目地信任一个此前彼此毫无交集的人,还一股脑儿地付出,将自己的全部和盘托出,不留退路,这样对自己实在太不公平。

我相信"一见钟情",因为爱情的产生是一定需要一些说不清、道不明的"感觉",但在爱情里,"感觉"和"信任"从来都是两回事。

家人有时都会互相伤害,更何况是和一个你没有任何血缘关系的人呢?你可以靠"感觉"去爱上一个人,但永远不要在没有完全了解一个人的时候就交出自己的全部。

承认看错人,是放过自己的开始

让一个沉浸在恋爱中的人承认自己看错了人是件非常难的事,即便他已经在这段关系中遍体鳞伤。

有的人是因为还没摘掉爱的"滤镜",总觉得对方不可能会故意伤害自己；有的人是因为前期付出了太多"沉没成本"，无法接受自己在对方身上不会得到同样回应的事实，所以只能用自欺欺人来麻痹自己，延迟伤害的发生；还有的人是因为太过善良和心软，无论关系中出现任何问题都会在自己身上找原因，宁可牺牲自己，也要满足身边人的快乐。

还有一种更"可怕"，就是明明知道自己看错了人，明明看到了对方的自私、狭隘、冷漠、恶毒，却还抱着"赌博"的心态想去救赎他、改变他、感动他，这种行为无异于扔下武器、脱下铠甲，光着膀子跑到枪林弹雨的战场上朝着对面敌军大喊："来啊！朝我开枪啊！"

那为什么有些人不能坦然地承认自己看错了人，然后结束一段不健康的关系呢？"看错了人"很丢脸吗？比肆无忌惮地伤害一个爱自己的人还"丢脸"吗？如果说一个人有能力去爱，有勇气去毫无保留地爱也是一种"愚蠢"，那这个世界才真的是"完蛋"了。

那就把这副"烂牌"打到底吧

在大多数情况下，任何关于恋爱的"大道理"也好，"忠告"也好，都只对"单身人士"有效。

处在恋爱关系中的人，是很难从关系里脱离出来，用理智来判断和处理关系中的问题的，这也是我极少劝人分手的原因。我经常会收到私信和留言，有些人和我倾诉自己在关系里遇到的委屈和困惑，列举自己受过的伤害和对恋人的不满。有些事听着确实很过分、很伤人，但即便这样我也不会说"那你和他分手吧"这样的话。因为我知道，很多来找我倾诉的人其实很清楚自己正在遭遇着什么，他们不过是带着答案在问我。他们真正关心的，并不是我心里到底怎么想，他们只是在关系里被压抑太久了，需要一个出口去释放、去求助、去短暂地逃离。

所以每当我遇到那些在"烂关系"里痛苦挣扎、难以抉择、停滞不前的人，我的建议都是——那就继续耗下去吧。

不得不承认，人生中总会有些道理只有亲自摔破膝盖，撞到流血才会真正领悟，有些感觉总要通过经历极致的痛苦和撕扯才能证明它的真实性和正确性。如果太难做抉择，就把手里的"烂牌"打到底吧，等到牌局已定的那一天，不用你做选择，生活自会给你答案。

先谈前途，再谈恋爱

关系的建立是由"感情"决定的，但抛开理智和现实来谈的"感情",注定不是一段健康的关系。

永远不要在你感到不幸福的时候寄希望于在一段爱情里获得幸福。爱情本身是不会让人幸福的,只有两个自身就有能力让自己幸福的人走在一起,才有可能建立一段幸福的亲密关系。爱情不是灵药,无法给那些心灵正深陷痛苦中的人带来解脱。真正能让你从痛苦中解脱出来,并获得幸福的,只有你自己。也只有先依靠自己的力量成为那个有能力幸福的人,才有可能在亲密关系里获得幸福。

不要觉得为了喜欢的人舍弃自己的前途是一件"伟大"的事情,这件事本身并不令人感动,这只不过是你在无视和牺牲自己的价值,只为了附庸某段关系的可怜手段。可如果你连自己的价值和前途都可以抛弃,那你又能拿什么来证明自己可以给爱的人带来幸福呢?你又该如何保证自己可以保持长久的吸引力呢?未来你又能拿什么来保护自己和家人呢?

爱需要勇敢,但不需要"鲁莽";爱可以大胆,但不能"冲动"。

爱一个人的前提一定是先让自己幸福,而真正的爱情应该存在于两个独立清醒的成年人之间,两个完整而自爱的人彼此靠近、互相吸引,才会一加一大于二。这不是权衡利弊,这是在"爱自己"和"爱他"之间能做出的最好的成全。

不要在想象的爱里沉沦

爱情不是那张卷子，人生才是

不知道从什么时候开始，大家会把"结婚"或者"找到了对的人"说成是一次青春的"交卷"。

我能体会到通过这种描述，来表达对一路艰难成长的感叹，对自己刚刚做出了重大人生选择，即将步入全新生活的升华。但是请大家记住——婚姻从来都不是人生的那张"卷子"，找到一个善良可靠的爱人也并非真正幸福的开始，因为真正的幸福从来都不需要借助某个人、某段关系来获取，能渡你过"万重山"的只有那个独立且强大的自己。

我希望大家对爱情有期待、有理想，但不能抛开现实，太过理想化地看待爱情。这个世界的真相就是，即便是被婚姻、法律、爱情捆绑得再紧的两个人，也终究是两个独立存在的个体。比起去寻找一段让人感到幸福的亲密关系，先去成为一个有能力让自己幸福的人才是你人生的"重中之重"。独立的生活能力、一定的经济收入和存款、成熟的三观、一定的情绪控制能力、对紧急情况的应对能力、自我保护能力……这些都比"结婚"更能保障你的幸福。也只有先具备了这些让自己幸福的能力，才有可能获得一段幸福的婚姻。

人生不是考试，更没有标准答案可言，因为它是处在永恒的发展和变化中的。而在变化着的一切中唯一可以不变的，是那个坚强努力、勇敢自信的你自己。

永远不要想去复合

无论你是提出"分手"的那一个，还是"被分手"的那一个，在关系结束以后，对前任念念不忘、关注前任动态、期待前任回头，甚至想回头去找前任复合等行为，都是无意义的。

如果是对方先提的分手，那请你在第一时间同意分手，接受现实，并收拾残局，火速退场。因为任何人只要和你提出分手，那一定是他经过深思熟虑、权衡利弊过后的选择。所有的离开都是"蓄谋已久"，在他决定放弃你的那一刻，便是觉得你在他的生活里已经没有价值，这段关系也已经不值得他付出时间和精力去经营、去维系。而这个时候，你要做的不是声讨、不是委屈也不是纠缠，而是最大限度地减少自己在这段关系中的"损失"，尽早地告别过去的人和事、去创造自己新的幸福的可能。

如果你是那个先提分手的人，那就更没必要纠结和回头了。成年人最基本的自觉，就是可以为自己做出的任何选择付出代价。尤其是在社交这件事上,我希望大家都能谨慎而负责任地走好人生的每一步,这不仅是为了自己,也是在尊重他人。

生活不是小说和电影,没有人可以为了谁一直停留在原地,不"耽误"别人也是恋爱里的"美德"。所以,无论你是因为何种原因分手或者"被分手",都请你永远不要回头看。恋爱是平等的,任何一方都可以随时单方面决定恋爱关系的存亡,所以在恋爱里永远都不存在谁抛弃了谁,谁淘汰了谁。即便你是"被分手"的那一方,在你决定从心里接受分手的这一事实开始,你就已经重新掌握了对这段关系的主导权。"分手"不再是你被迫接受的结果,而是你在看清关系的真实面目后做出的判断和选择。

相爱的时候要用力地去爱,不再相爱的时候也要用力跑着离开。

这个世界上从来就没有什么无法释怀的青春,那都是对现状不满意,又没有行动力的人的说辞。往前跑吧,只要步履不停,我们就永远还有幸福的机会。

一生只谈一次恋爱,并不值得炫耀

世界上最无聊的"情结"就是"初恋情结"。

两个人都是彼此的初恋并且还能一气呵成地走到结婚,这确实是小概率事件,也不是那么轻松就能办到的事。但这也绝对算不上什么值得炫耀、能让人多有优越感的事。因为衡量一段关系是否健康、幸福的标准从来都与"彼此是否是对方的初恋"无关。

其实,过于理想化初恋是一种不成熟的表现。有人说初恋的特别在于它懵懂、纯粹、两小无猜,但其实纯粹的从来都不是初恋,而是那个纯粹的人。人也并不是只有在第一次谈恋爱的时候才会纯粹又坦诚,一个待人真诚、心软善良的人,无论处在人生的哪个阶段,都会保持真诚。

这时,还会有人说初恋永远是独一无二、刻骨铭心、无法被取代的。可但凡你是认真过、用了心的,那试问哪段感情不是独一无二的呢?我们遇到的每一个人都是不可取代的,每一段关系的出现和发生都有它的因果,都是组成我们丰富多彩的生命体验的一部分。

只谈一次恋爱就结婚的人看起来感情生活是很"顺利",但这也意味着对异性的了解和对两性关系的认知比较狭窄,甚至有的人在自己心智和认知发展并不成熟的时候就选择了自己一生的伴侣,以至于余生都要为自己年少时的懵懂和无知买单。人如果没有见过"好的"就不知道什么是"坏的",没有见过"坏的"也就不懂得珍惜什么是"好的"。

谈过几段恋爱、经历过几次分手的人看起来似乎很"坎坷",也在感情里吃了不少苦头,但他们往往拥有更多成长的机会。恋爱的过程本身就是我们不断探索自我、了解自我、看清自己内心真实情感需求的过程。谈过很多次恋爱的人会更善于在一次次碰壁中修正自己的感情观和人生方向,调整自己的择偶观念,认识到人格独立的重要性,也更懂幸福原来是如此来之不易。

所以,永远不要在一段使你痛苦的"初恋"里过久地彷徨,也不必在生活不如意时在"初恋"上寄托太多的感慨和深情。因为过去存在的唯一意义就是成为过去,而只有现在才能真的让你幸福。

用"玩"的心态活着吧

这个世界就是一座游乐园,你我都是那个攥着单次票首次入园的小孩,我们只有在有限的游玩时间内玩到尽可能多的项目,才算是"值回票价"。

当以这样的心态面对一切"已知"和"未知"的时候,我们就会发现,其实所有的事都只是一种"体验","体验"是不分好与坏的,因为"体验"的意义就是去看看到底什么是好,什么是坏。

当把"活着"这件事看作是一种"体验",我们就会发现,比起目的和结果,更重要的是"感受"。比起这个"感受"是开心还是难过、快乐还是痛苦,更重要的是这个"感受"有没有发生、它是否真实地存在。而我们也不用再纠结自己是否成功过、犯错过、受伤过、被爱过,我们要的仅仅是体验过、感受过。

我曾经有过一段非常自责又内耗的阶段,那时的我刚刚经历了一次"断崖式"分手,我总觉得是因为我不善识人、没有自我保护意识、没有及时止损才让自己不断地在感情里受伤。可后来我发现,经历了这段感情后我好像很难再被伤到了。我不再对他人抱有理想化的期待,我开始明白精神独立的重要性,我仍然相信爱情,但我不再"滥用"爱情。我将自己的感情尽可能节省下来,去爱那个真正值得我去爱的人。

所以不是只有好的感受才有意义,有些坏的、失败的结局往往更能让人有所成长、印象深刻。我们的生活没有观众,我们不需要表现得太过完美以博得所有人的掌声。人生这场旅行也要追求"性价比",只有勇敢又坦荡的人,才能在有限的旅途中获得更多、更丰富的体验。

精神寄托可以是任何人和事，唯独不能是"爱情"

可能有人会在看到这个标题后发出质疑——作为情感博主，不是你让我们要勇敢相信爱情吗？现在为什么又说不能把爱情当作精神寄托呢？

爱情本身是美好的、值得期待的，这没错，但爱情在我们生命中的分量确实还够不到"精神寄托"这个程度。

什么是"精神寄托"？它是一种情感依托、一种个人信仰，是一个人自我价值感、安全感和归属感的来源，决定了一个人活下去的目标和意义。而"爱情"是什么？爱情是世间最稀少、最难得也是最多变的情感。它不像友情，因为彼此会自觉地为对方让出独立的空间，所以格外安全和稳定；它不像亲情，因为有血缘的捆绑，所以牢不可破；它也不像这世上人与人之间的欣赏和崇拜之情，因为它除了欣赏和崇拜，还有占有、嫉妒，甚至袒露自己所有的缺点和软肋，暴露所有的狼狈和不堪，却仍能成为彼此的靠山和依赖。

爱情可以向往、可以追求，但绝不能带着全部的情感和精神去"寄托"。因为不是所有关系都称得上是"爱情"，也不是所有人都能准确地辨识出真正的"爱情"。很多人在人生的某个阶段自以为遇到了爱情,但直到若干年后才通过某个人、某件事看清这段关系的本来面目。

关系如果"坏掉了"可以结束、可以分手,但"精神寄托"要是跟着一起"坏掉了",那这个代价可不是所有人都能承担得起的了。

多做判断题,少做分析题

有时候想想,我在谈第一段恋爱的时候真的有点"讨厌"。

因为那时的我,好像总是在强迫别人去回答他根本不想回答的问题。

"你为什么说话不算数?""你为什么放假回来了没有告诉我?""你为什么休息日也不给我打个电话?""你为什么从来不和我说说你对未来的规划?"在无数个我感到失望、难过、生气的瞬间里,我脑海里最先闪过的就是"为什么"。

可我越是急于想知道"为什么",就越是求不到那个"答案"。我逼问得越紧,对方就退得越快。他退得越快,我就问得越紧。这样循环往复下去,我发现我的情绪变得越来越不稳定,脾气也变得越来越容易暴躁,有时情绪崩溃起来好像另外一个人,完全不是那个记忆中原本的自己。

现在想来，那时的我好像也不是真的想要一个"答案"。在我一次次感受到被忽视、被欺骗、被隐瞒的时候，那个"答案"其实就已经摆在那里了。我一遍遍地发问，是因为那时的我还无法接受自己不被爱的事实，我愤怒、无助、伤心的同时也有不甘心。

其实在感情里是没有"为什么"可言的，就像我们在爱上一个人的时候很难说清自己为什么会爱他，也很难在不爱的时候讲明白自己究竟是从哪一刻开始不爱的。或许对于谈恋爱来说，"判断题"要比"分析题"更值得你花时间去研究。把"他为什么要这样做"换成"他的做法我可以接受吗"；把"他为什么欺骗我"换成"对方这样对我，我还要继续和他相处下去吗"，这样对我们的情绪也会更好一些。

因为相比得到答案，更重要的是学会放过自己。

让子弹"飞"一会儿

你知道为什么在恋爱时总是不顺利吗？因为你太"急"了。

急着恋爱、急着结婚、急着要一个"结果"、急着问一个"答案"。"你到底喜不喜欢我""我们到底算什么关系""你到底是怎么想的"……你太急了，所以在一切的发展都不如你意的时候才会情绪不稳定、又哭又闹。可你不知道的是，在任何关系里，"急"的那一方总是占尽劣势。

如果一个人对你冷暴力，不接电话、不回消息，别追、别问、别纠缠。你要永远记得，你的感情、你的情绪都很宝贵，所以不能随意浪费在那些不珍惜你、不在乎你感受、不害怕失去你的人身上。如果一个人长时间和你忽远忽近、暧昧不清，你又很想确认你们之间的关系时，那么问一次就够了。因为有时候，态度比语言更直白、更透彻。

或许对于有些问题的解决，"慢"比"快"要更有效。有很多粉丝朋友在和恋人吵架后会来找我聊，想让我帮忙出出主意，大多数时候我都会建议他们从现在开始，专注于自己的生活，做好要做的事情，三天后再说。因为既然眼下难以破局，不如把希望寄托给时间，也许三天后我们都能从情绪里走出来，更冷静地看待关系中的问题，也许到那时对方的想法会变，也许到那时你的想法也会变。

所以，"放一放"不意味着真的放弃，而是在创造新的可能。

别做"穷人"

相信每个人身边一定会有一些经常自嘲自己很穷的朋友，对不对？或者你们也和我一样，是一个会在看到某个巨额数字的价格标签后，感叹自己怎么这么"穷"的人。仿佛在当下这个时代，"穷"并不是什么羞于表达的"难言之隐"，反而成了一种自我调侃或是对消费主义的"讽刺"。

我们为什么可以坦荡地谈"穷"？那是因为我们都知道，至少在我们所能接触到的城市生活圈里，基本上已经没有传统认知上的"穷人"了。我们幸运地生长在和平年代里，在这个年代，可以说只要具有劳动能力且愿意付出劳动的人，就不会有"食不果腹、衣不蔽体"的事情发生。所以在这样一个时代，"穷"正在被赋予新的定义。

什么是真正的"穷"？与其说它是买不起名牌礼物时的窘迫，不如说它是一种精神上的自我攻击和自我虐待。是你让自己沉溺在一段不受尊重的关系里而不自知；是你即便发现自己正身处一个充满恶意和攻击的环境却没有勇气做出任何抵抗和改变的懦弱；是你在无数次受到伤害和贬低时手无寸铁，不能保护自己，除了愤怒、失态，一无所有的无能。

真正的"穷"不是你没有能力爱自己，而是你明明在任何时间、任何地点都有随时选择爱自己的自由，你却在无数个面临选择的瞬间决定牺牲自己，去讨好那些不珍惜、不尊重、不能欣赏你的人。

在幻想"一夜暴富"之前,先"精神脱贫",这才是抵达幸福的最有效路径。摆脱对你"有毒"的环境,离开那些伤害你、否定你的人,当给出的爱得不到回应的时候,永远记得义无反顾地去爱自己。因为一个不爱自己的人,即便拥有了数不尽的财富,也永远无法让自己真正地受益于此。

人会变,这是你必须接受的客观事实

有时候我会想,为什么相爱着的人总是害怕人会"变"?为什么在爱情中我们总是期待着"永恒"?为什么总是需要所谓的"誓言"和"承诺"来加持一段关系的紧密度?

要弄懂这些问题,我们就要先明白"永恒"意味着什么。"永恒"是维持现状,是稳定,是尽可能地持久,还是排除一切新"变化"的可能,去追求"不变"。我们之所以如此渴望"不变",是因为我们其实很清楚,整个世界都处在永恒的运动和变化之中。而这个世界上唯一不变的,就是一切都永远在变。

你的爱人会变,你也是。你们或许是在变好,也或许是在变坏。当人变坏了的时候,不要抱怨、不要指责,不要否定过往的一切,

你要做的就是坦然接受。

其实，无论你在恋爱前花了多少时间去了解和观察一个人，你能掌握的也仅仅是这个人当下的品格和状态。即便你眼中的他善解人意、礼貌孝顺、事业有成、帅气多金，但这也仅仅是他当下的样子，而他在未来仍然有极大变化的可能。

人生的局限性就是如此，我们做出的任何选择都只能为当下负责，我们做出的任何判断也只能建立在那些我们已知的事情上。这也是为什么我们会越来越意识到"独立"的重要性。

因为只有当你独立又完整时，当你拥有了即便离开某个人、某段关系也能使自己幸福的能力时，当你拥有即便外部世界发生天翻地覆的变化，你也可以获得内心平静的能力时，你才有力量去承担"变化"可能会带来的风险，你才有勇气去开始一段充满不确定性的关系，去拥抱漫长的未知的人生。

你真的需要安慰吗？

我们总是会在无意中，做出很多寻求他人安慰的行为。

比如你会在喜欢的人面前滔滔不绝地讲出自己以前的经历、自己受过的伤、经历过的委屈、自己的情感需求、渴望的生活状态……而当你讲出这些的时候，你的潜意识一定是希望自己可以被理解、被心疼、被接纳的。如果此时对方再回应几句"我真的太懂你说的这种感觉了""我们以后再也不要经历那些伤害了"时，你是不是会有一种被包裹、被爱，甚至被救赎的感觉？这其实就是你在寻求安慰的过程。

可是你真的需要这些所谓的"安慰"吗？

讲出需求，期待安慰，是我们自出生时起就具备的一种本能，是孩童时期缺乏安全感时形成的一种行为习惯。而一个人真正完成社会化、真正成年的表现，是不再通过向外索取安慰来获取安全感，是可以在精神层面实现人格独立，是"有能力"在情感需求上实现"自给自足"。

这里我用到的词是"有能力"，而非"应该"。因为"情感需求"本身是每个人都具有的诸多需求之一，它的存在是合理的、必要的、是需要被满足的，但不一定只有"外界"和"他人"才能满足。如果一个人必须通过依赖外部世界才能满足自己的情感需求，那他将会有极大的可能遭受二次打击。因为如果外部世界不给你情感需求呢？如果你说了一大堆可别人就是不理解呢？如果你渴望被安慰可得到的一直就是伤害呢？

所以，总有一天你会明白，世界上根本不存在真正的感同身受，那些在口头上对你施以安慰和理解的人也未必发自真心。你反而要警惕那些通过"安慰"你，然后想要迅速接近你的人。而你也会渐渐明白，你真正需要的从来都不是"安慰"，而是"自洽"。

大胆地说再见吧

越是那些没谈过恋爱、缺乏恋爱经验的人，越是缺乏说"再见"的勇气和能力。

因为谈过的恋爱不多，所以对待关系总是抱着一些完美主义的幻想，铆足了劲儿想认认真真谈一场恋爱，不留遗憾地走到结婚。这份执念和心意很珍贵，但也很危险。它会让你在无数个感到失望和难过的瞬间里反复纠结，不断地为对方留余地，而你也总会觉得"他这次不是有心的""他以后会变得越来越好的""错过他我一定很难再对别人动心了"……

但你知道真相是什么吗？真相就是，如果你和一个人在一起，在恋爱初期他就做出了种种让你感到不舒服、伤害你的行为，那你们两个就是不合适的。此时此刻你感受到的不舒服，在未来只会越来越不舒服。而这段关系也不会变好，只会一直走下坡路。也许你会说："两个人在一起不是应该慢慢磨合吗？"可"磨合"是指两个人经过长时间的相处后慢慢褪去开始的激情和幻想，显现出彼此的缺点和不足，是双方开始接受对方最真实的样子，包容亲密关系里那些不完美、不尽如人意的部分。而不是两个人刚在一起交往就感受到了不被尊重、不被理解后，还要强行给自己"洗脑"说"没关系他会变好""我要不要再看看"……

如果你想在恋爱这条路上少折腾、少受伤、少点坎坷，那最有效的办法就是在和一个人交往之初就大胆做"排除"。大胆地和那些从一开始就"不对劲"的关系说再见。不幻想、不自我洗脑，这才是保护自己、爱自己最正确的方式。

最直接的自我救赎，是去读书

我一直和粉丝朋友们说高考之前最要紧的事就是读书。因为我一直坚信，在该学习的时候尽可能全身心地投入在学习上，为自己的认知和前途打好基础，才是一个人能获得幸福的前提。

学生时代的我其实是一个非常不自信的人，看着班级里面长得漂亮、身边总有朋友环绕、成绩排名数一数二、每天被老师挂在嘴上、家庭条件特别好、多才多艺的女生们，总是会下意识地产生羡慕的情绪……因为当时的我有点黑、不会打扮，土土的，也不会和同学制造话题、没什么朋友，从小到大什么特长班都没上过、学习成绩也不上不下，似乎是班级中最平凡、最一无是处的那一个。

在经历了很长一段时间的自我否定之后，我发现在我的所有"不足"之中，只有一点是可以在短时间内快速修补的，那就是"学习成绩"。

我至今仍然觉得，在这个世界上，努力就"一定"是会有回报的事，只有学生时代的学习成绩。当你每天早半个小时到教室，扎扎实实地把文综知识点背进脑子里，那答题时，你就不可能写不出东西、拿不到分；当你放学坐公车回家的路上拿着单词本，每天默背十个英语生词，那下次做完形填空时，你肯定会如鱼得水；当你每天临睡前回看一遍错题，只要看得够多够仔细，那下次遇到同类型的问题，便保证不会再错。

这就是为什么我会劝每一个还在读书的朋友先好好读书，珍惜那些只要努力就能见到实在回报的日子。因为终有一天你会发现，那个不看出身、不看家境、不看颜值、只拿成绩说话的能力评价体系，是多么地公平而珍贵。

  读书、学习永远都是最简单又直接的自我提升方式，在自我提升机会最多的时候去争分夺秒、拼尽全力，这样在遇到真爱、追求爱情的时候便能多些自信和底气。因为你很清楚你不是一无所有，你有毅力，有目标，有实现目标的勇气和能力，有不与时代主流脱节的认知水平，更有创造幸福和经营幸福的强大动力。

玄学的本质是自爱

  我原本是一个不相信任何"玄学"的人，但近几年，当我经常刷到网络上各种各样的"好运玄学""恋爱玄学""旺财玄学"以后，我似乎开始慢慢接受了这些有点"可爱"的小心思。

  不知道你们有没有了解过"头像玄学"，这种说法就是大致把网络社交平台上大家常用的账号头像细分成了几类——正面自拍类、背影类、动物类、风景类。

  而风景类里还会再细分为——日出场景、日落场景、大海场景、草原场景……然后再分析哪类头像对个人运势有利，哪类头像对发展不利……

这让我不禁想到在我"年轻"的时候，不管是在工作上还是感情上，只要一遇到不顺心的事，最常用的发泄情绪的手段就是换个社交头像。要么就是换成一张阴沉沉的背影照片，要么就是干脆把头像设成全黑，好像只有这样才能表达我当下消极厌世的悲观态度。要是用如今的"头像玄学"理论来看，我这番操作实在是有伤"运势"。

后来当我的抗压能力和控制情绪的能力慢慢变强，换头像的次数也越来越少时，我突然发现，曾经只要自己不开心就换"暗黑"头像的习惯不仅对解决问题没有任何帮助，好像反而让自己的状态更糟糕了。因为那些看起来悲伤又深沉的图片，似乎在一遍遍地提醒着我，生怕我一不小心就会忘记刚刚发生过怎样糟糕的事。它除了让我好起来得更慢一点，传递给朋友圈里的每一个人"我不开心"的信息，让我期待好朋友来关心我、安慰我的心情，别无用处。

所以你说"头像玄学"有用吗？我觉得是有用的。其实有时候我们相信"玄学"，仅仅是因为想让自己更好一点、更开心一点、更幸福一点。多用阳光的、明亮的照片做头像，多说吉祥话、少说泄气话，多肯定自己、不否定自己。与其说这么做是为了"运势"好，其实是我们在鼓励自己往前走，不回头看，给自己积极的心理暗示。

有些"玄学"并不是所谓的"迷信"，它更像一种"经验"，一种

"劝导"。它教你如何爱自己多一点，帮你在迷茫时找到向前走的方向。

分手不是灾难

其实任何一段恋爱从本质上讲也只是一种"人际交往"，一种"社会关系"。

从"社会关系"的角度看恋爱你就会发现，其实无论是"脱单"还是"失恋"，"分手"还是"和好"，都是再平常不过的"小事"。

有的人会把"分手"看作是一场"灾难"，因为这说明自己过去为这个人付出的全部都不作数了，意味着自己的"终身大事"又没着落了，更意味着自己眼中的爱情"破裂"了。

可你知道吗？这个世界上每一秒都有人在分手，也有人在相爱，就像有人出生就有人死亡一样。建立和延续一段关系的原因有很多，有的是因为爱，有的是因为钱，有的是因为个性。而终结一段关系的原因也有很多，也许是不爱了，也许是没钱了，也许是彼此关系不和谐了……

正是因为决定一段关系存亡的因素实在太多，所以你不需要和任何人去解释自己为什么要恋爱、为什么要分手，包括你自己。

有时候我们需要用对待一棵植物的心态来看待恋爱，我们会因为一颗种子的发芽而感到惊讶和欣喜；会因为一两片发黄的枝叶而感到忧心，试图找到解救的办法；也会因为养花养到一半，但却只能看着它无可救药地枯萎、死亡。从我们决定养花的那一刻起，就必须看到它未来的种种可能性。至于消亡的原因，也许我们能找到，也许找不到，但比起找到那个原因，更重要的是"接受"，是"顺应"，更是"不为难"自己。

警惕把公平挂在嘴上的人

我们都知道人与人之间的交往要讲"公平"，可为什么很多人在恋爱里反反复复听到另一半强调"公平"的时候会那么别扭呢？真的是因为自己做人、做事时不够"公平"吗？是因为自己在这段关系里付出得太少吗？我看未必。

我有个关系还不错的女性朋友，她的某一任前男友就是一个非常爱讲公平的人。出去吃饭，这顿男生请了，下顿就会说工资快花光了，询问女生帮忙结账行不行；上次你加班我去接你了，那今天晚上我应酬到半夜喝多了，你也要来接我，否则就是"不公平"；求婚需要给女生买钻戒,但要先说好,结婚时买的对戒得你出钱……男生的每一次要求女生都没有拒绝,她觉得这一切看起来确实"公平"了,可又总觉得哪里"不对劲"。

懂"公平"的人,是在感受到对方的付出时,愿意用相同的诚意来回报这份付出。是在感受不到付出、察觉到对方的自私和吝啬时,也选择有所保留。恋爱里的"公平"不是"等价交换",而是在某件事上感受到被爱后,愿意在下一件事上回馈同样真诚的爱意;是在自己付出时会因为想到对方曾经的付出而不心疼、不计较;是"以真心换真心"。

而那些以"公平"的名义要求他人为自己付出的人,很有可能是披着华丽外衣,想在关系中名正言顺地窃取尽可能多的好处的"小偷"。他不过是在精细计算后发现自己没有占到什么好处,所以只能通过这种"洗脑"式的输出试图让自己多得到些什么。

"公平"是一种需要我们每个人都保持"自觉"的"共识",因为它太基础了,基础到甚至更像是一种本能。即便是没有上学的小孩子,也会在有人凭空拿走手里的苹果时感到失落和委屈,会在对方还回一颗梨时表现出新奇和惊喜,会因为收到过别人的梨而主动愿意向他人释放善意。

所以请警惕那些把"公平"挂在嘴边的人吧,能看得到的付出和行动,才是最真诚的"公平"。

拥有适当的钝感力

其实,"厚脸皮"是每个人都要学会的一项生存技能,因为总有一天你会发现,一个脸皮太薄的人是很难在这个社会里生存下去的,就更不要提活得幸福、活得自在了。因为人只有能做到不在意别人怎么说、怎么评价时,才能真正地找到自己、认识自己、成为自己。

当你总是想"讨好"这个世界,你就会变得"脸皮薄",并渴望被认同,害怕受到批评和否定,一旦听到外界有任何指责自己的声音就会陷入内耗。这种状态持续久了会影响到你生活的方方面面,你会自卑、胆怯、畏首畏尾,甚至会焦虑、抑郁,甚至影响健康。而这些负能量积压久了之后你就会意识到,你必须要做出些改变,才能"活下去"。

我原本是一个非常在意他人眼光和评价的人,所以我要求自己做每一件事,都要尽全力做到最好,尽可能不要受到任何人的指摘。但这压根就是不可能的事,尤其是当我开始做短视频,积累了大量的粉丝后，我发现我在互联网上说的每句话都要经受几百万甚至上千万网友的评价，而这份工作要求我必须要"厚脸皮"一点，否则不光没办法在互联网生存，可能连基本的心理健康都保证不了。

有阵子我在网络上发表了一些"男生也需要安全感，需要被爱""男生其实很简单""男生那些不被看见的压力"之类的观点，在网络平台收获了很高的热度。但没过多久，我在刷微博的时候偶然看到一个批判我的帖子，点开一看，评论区里满满都是骂声。

随着那条帖子的讨论度上升，有人开始直接给我发私信宣泄不满，言语中夹杂着个别恶毒又下流的字眼。那一瞬间，大量的负能量攻击着我的眼球和大脑，我这辈子都没有收到过这么恶毒的"问候"，我当时是真的蒙了，也有点自闭了。

不得不说，这段经历让我更新了自己对这个世界的认知和看法。我发现这个自由的网络空间其实不过是现实世界的缩影，是"匿名版"的"朋友圈"。因为无论是认识你的人，还是不认识你的人，你都无法判断，也无法左右对方对你的看法。或许在现实生活中，你的身边也有人看不惯你、误解你、轻视你，只不过受关系所限没有办法在你面前直白地表达出来。这样看来，其实被否定、被质疑、被攻击是人生的一种常态，你没必要与之抗争，也不用向这些声音证明什么,你要做的仅仅是允许它们存在,然后继续去做你自己。

对于那些否定你、攻击你的人来说,"攻击别人""否定别人"也许就像吃饭喝水一样,不过是本能和习惯罢了。骂过你的人可能转头就去做自己的事情了,而你如果因为这句话深陷负面情绪之中,迟迟走不出来,影响了正常的生活和工作,那这种"牺牲"能改变什么呢?能让你得到什么呢?

我们不止一次地在新闻里看到一条条年轻的生命因为经历不好的事,就选择提前结束自己的人生,他们是"太脆弱"吗?绝不是。因为这个世界本身就充满了危险,我们每个人都是穿梭在风险和挑战中勇敢的"探险家",而每一个好好活着的人都是历经狂风大浪后的"幸存者"。支撑我们在关键时刻顶过风浪的不是粮食,不是衣物,而是适当的钝感力和"厚脸皮",更是那颗"勇敢的心"。

当你变优秀,全世界都会欣赏你的美

普通人不借助任何医学手段,如何有效提升颜值?

研究穿搭?学习美妆?这些其实都有效,但真正能让一个人"变好看"的,是他的"底气"和"自信"。

我这么说可能听起来很抽象，也很理想化，但事实确实是这样。因为总有一天你会发现，能给成年人"体面"，能让一个人"好看"的从来不是"五官"，而是"气质"。而能让你养成好气质的，不是网络上那些穿搭指南和美妆攻略，是当你对自己现状满意时整个人散发出的不刻意、不掩饰、不自卑的能量，是不攀比的从容和不在意外界任何评价的自信大方。

我一直和朋友们说，不要太过在意一个人的外在形象，不要"以貌取人"，尤其是在择偶上，因为人的颜值也是在发展中的。不知道你们有没有注意到，那些穿衣服强调品牌，花大量时间浓墨重彩地装点自己却始终也没有那么好看的人，大部分是有着大把时间却财力有限的学生或是刚毕业的年轻人。而那些事业发展稳定、有一定存款、目标清晰的职场人更愿意花心思在"如何让自己更加舒适"上。比起衣服的品牌，他们更在意材质；比起设计什么发型，他们更在意如何保养发质。他们不在意别人的眼光，他们只关心怎么做能让自己快乐。

所以有效提升颜值的方法从来都不是"追逐潮流"，而是花心思好好地去提升自己、爱自己。只有当你变得优秀又自在时，全世界便都会开始欣赏你的美。

你可以已读不回

当下社会的确是一个"信息爆炸"的时代。

只要你愿意,你可以在手机里有交不完的朋友、聊不完的天。即便你不愿意,也会有五花八门的短信通知、电话广告、闲聊八卦追着你。这其中,总有些信息是你会毫不犹豫忽略的,也总有些信息是你想忽略又难以忽略的。

我有个朋友谈恋爱时,很喜欢在朋友圈分享自己和恋人的幸福瞬间,但几个月后,当他们的感情出现问题、考虑要不要分手的时候,他发现自己这种分享欲给他带来了许多烦恼,因为有越来越多的"朋友"开始关注他的情感状态。

"好久没看到你发你对象了,最近还好吧?""你们是不是偷偷领证去了?""谈了这么久,啥时候带出来一起见见啊?"……这些"朋友"之中,有的是平常经常来往的身边好友,有的是朋友圈里的"点赞之交"。他开始后悔自己曾经在朋友圈大肆宣扬自己的恋情,导致在他因为失恋而身心交瘁的时候,还要分出精力和头脑去思考应付这些"关心"。

听完他的故事后,我给出了我的建议,那就是:"没关系,你可以不回复。"

因为如果是真正关心你、希望你好的朋友，一定是可以理解你偶尔状态不好时的沉默的，他会设想你不回复的各种理由，然后耐心等待你的回复，会在心里默默为你祝福。就像我们常说的，真朋友并不需要时时刻刻聊天，但一定时时刻刻都可以不尴尬地聊天。他们不需要随时随地都知道你在干什么，甚至彼此常常会"已读不回"，但一旦其中任何一个人遇到了麻烦和挫折，第一个想到的一定是对方，第一时间能给自己宽慰和温暖的也一定是对方。

至于那些并不真心替你着想，抱着看热闹、听八卦的心态来"关心"你的人，你又何必以消耗自己为代价来满足他们的好奇心呢？公布恋情是你自己的决定，那么分手这件事也与他人无关。其实大胆些有时反而能保护好自己。大胆点，别怕得罪任何人，只要你没有做伤害别人的事情，就无须在意别人的评价和目光。

我一直很认同一句话："极度的坦诚就是无坚不摧。"我们必须先对自己坦诚，接受自己身上发生的一切，接纳自己、理解自己、关爱自己，那么就没有人可以否定自己。

后悔是因为在变好

你们有没有那种突然想到自己过去说过的某句话、做过的某件事，然后突然陷入自责和后悔的时候？我经常有。

以前我会把这种现象当作一种无意义的"内耗"，我以为"后悔"是不好的，是一种自我怀疑、自我否定，我总觉得"从不后悔"才是一个人最好的生活状态，但是后来我发现不是这样的。

人生需要"推翻"，需要"质疑"，唯有这样，人才会"进步"。其实一个人不知道"后悔"的滋味并不是一件好事，"不后悔"意味着永远坚信自己过去所做的一切决定是正确的、完美的、没有任何完善的余地的，意味着"即便时光倒流我也不会做出比那更好的选择了"。

我不相信有人真的可以做到永远不曾为自己做过的某件事"后悔"过。"后悔"并不代表一定要去"弥补"，它是一个人敢于自我审视并在审视之后愿意直面自己"不完美"的勇气，是为了做得更好、成为更好的人不惜推翻自己固有认知、重塑自我、约束自我的魄力。"我后悔了"这句话也从来不等于"我错了""我是不好的"，它仅仅代表着"今天的我已经和过去不同，我有能力做出更妥帖、对自己更有利的回应"。

永远不要扔掉"后悔"的权利,因为比起"后悔",盲目自大、目中无人、从不反思、故步自封,才是"毁掉"一个人的最快方法。

你原谅自己的父母了吗?

世界上没有完美的人,自然也没有完美的父母。

两个不完美的人带着各自的问题组成了一个有问题的不完美的家庭,从零开始养育一个全新的生命,这个过程自然也是有问题的。所以我们每个人从诞生之初就带着问题,只是大家的问题种类不同,大小、程度也不同。

原谅父母,接受原生家庭绑在我们身上的那些解不开、甩不掉的枷锁,是我们每个人一生都必须要去面对的课题。

我就曾有过很"讨厌"父母的阶段。

我的父亲是一个没什么耐心又非常不擅于沟通的人。从小到大,在我的印象中,除了学习和成绩,他没有和我聊过其他任何话题。放学路上,我指着路边的霓虹灯牌说"爸爸你看,这个牌子昨天还没有呢"的时候,父亲也只会严厉又"凶狠"地批评我:"我每天这么忙还接送你上下学,是为了陪你说闲话的吗?有时间的话,你不能在路上背背单词吗?"

对我来说,我的成长是很压抑的。没有人关心我今天开不开心、是不是发生了什么、因为什么而烦恼,他们只关心我考了第几名、有多大的概率能进重点高中、最近的学习状态认不认真、有没有尽全力。在这样的成长环境下,我变得敏感又悲观,我无比渴望世界上能有人关心我的感受、愿意倾听我的声音,这种强烈的情感需求和巨大的情绪缺口让我在成年后一次又一次地在恋爱上"摔跟头"。我不喜欢这样的自己,但是我不知道怎么改变,所以我把责任归于父母,归于家庭。

但很快,我发现自己对父母真的太过"苛刻"了。大学毕业进入工作岗位以后,开始有不少人称赞我的学历背景很漂亮——重点初中、重点高中、985 大学。一次部门领导在找我谈工作之余漫不经心地说了一句:"像你这样的孩子啊,就是一路都太顺了。"

我"顺"吗?我还一直觉得自己从小太压抑、学习学得太辛苦,可当我走出校园才发现,原来不是所有人都拥有可以心无旁骛、除了学习什么都不用担心的运气。我在"恨"父母的同时,又必须承认他们为我的人生带来了重大帮助,让我奠定了能够独立谋生的能力。我必须"原谅"父母,"原谅"他们的不完美,只有这样,我才能自洽,我们这个家往后才能幸福。

当然,我身上原生家庭带来的问题其实是很普遍、很容易被治愈的,因为我从来没有怀疑过父母对我的爱。我知道这个世界上还有千千万万的人,他们身上带着更大的、更深的、无法和解的由原生家庭带来的"伤疤"。其实"原谅"并不是一种"妥协",当你因为某个人、某件事感到痛苦时,只有"原谅"才能让你从"受害者"的角色中解脱出来,只有"原谅"才能让你放下甚至忘记这段伤害。

只要你愿意,你随时都可以选择原谅,原谅一个糟糕的人、一个糟糕的环境,理解这一切为什么是糟糕的,然后头也不回地远离糟糕的一切。而无论你过去经历过什么,从这一刻起,你必须先为自己的幸福负责。因为当你无法发自内心地感到幸福时,你就永远无法照顾任何人的感受,包括你的父母。

不要太相信父母的爱

你觉得你的父母爱你吗?我想,大多数人和父母吵归吵、闹归闹,其实他们心里还是承认父母是爱自己的。如果你也是这个"大多数",那么我要提醒你,不要太相信父母的"爱"。

这不是说要去怀疑父母是不是真的爱你,而是要去意识到父母的爱不一定都是对的,不一定都是好的。太过于相信、依赖父母的"爱"的人,很可能会"毁于"父母的爱。因为大多数父母对子女的"爱"都是非理智的、不客观的,甚至是盲目的。血缘关系是世界上诸多"不平等关系"其中的一种,父母看子女永远都是"俯视",他们对自己孩子的保护、包容、包庇、无底线地原谅都是发自本能的、不受控制的。而作为子女的一方也不得不接受并享受着这种家庭内部的"特权"。

我是见过那种非常典型的"丧心病狂"式父母的爱的。儿子"家暴"女朋友,男生的父母面对满身瘀青的女生说:"我们孩子很善良,他一定是有苦衷才这样";孩子早上赖床不想去上学,父母替孩子给班主任打电话,撒谎请假;只要有人当面指出孩子的问题,父母做的永远都是告诉孩子,你没有任何问题,说你的人都是嫉妒你。

但比较不幸的是,在我看到的故事里,这个被"爱"包围的孩子并没有意识到父母的这种"爱"有任何问题,相反,他非常依赖这种"爱"。因为他很清楚,离开了这样一对父母,再也没有人会让他过得像现在一样舒服。也许你会说,有这样一对无条件支持你、肯定你、相信你的父母不是很幸福吗？是会很幸福，但这个"幸福"的前提是你得有自知之明，否则这份"幸福"总有一天会废掉你。

父母对孩子的"爱"是很"可怕"的，它会让胆小的人变得刀枪不入，会让鲁莽的人变得畏首畏尾，会让节俭的人变得大手大脚，会让理智的人变得丧心病狂。它可以让一个人感到安全和温暖，也能让一个人变得愚蠢又自大。

亲情是需要"驾驭"的，是需要"判断"和"辨别"的，只有足够清醒的人，才能真正地从父母的"爱"中受益。

工作不是为了生活，工作本身就是生活

我知道你一定听到过很多关于工作没有那么重要的所谓的"清醒发言"。

"打工而已，干吗那么认真？""现在已经是'00后'整顿职场的时代了！""人是为了生活而工作，不是为了工作而生活！"……在这个年轻人都不愿意被工作占据生活的时代里，我希望你明白，工作真的比你想象中更重要。工作不会占据生活，因为工作本身就是生活中至关重要的一部分。

你必须和你的工作"达成和解",只有这样,你才能把日子过好。所谓的"达成和解",是你要像"谈恋爱"一样,在看到对方的缺点、发现对方身上有令自己不满意、不愿接受的部分的时候,仍然可以做到理解和包容,不会抱怨,不会嫌弃,不会否定或打压,因为你可以很清楚地看到对方身上那些自己喜欢的部分、让自己受益的部分,所以你愿意接受他的不完美。

我不相信世界上真的有人能找到一份只会让自己感到充实和幸福,不会带来任何痛苦的工作。不论你有多喜欢做某件事,一旦它需要"反复",需要"责任",需要"耐力"和"坚持",一旦你发现自己不得不一直做下去,否则难以维持生计时,它就注定不会让人太舒服,这就是工作和娱乐的区别。所以求职时一定要找一份适合自己且自己喜欢的工作,不是为了"不痛苦",而是为了尽可能"减少痛苦",从而更快地和工作"达成和解",找到"平衡"。

当然,我们可以接受工作带来的一定程度的"痛苦",但绝不能接受工作中"只有痛苦"。当你发现自己在某个职位上经常感到压抑、焦虑、迷茫、自我怀疑;当你在工作中总是被强烈的负面情绪裹挟而提不起干劲,甚至害怕上班、逃避工作;当你再也无法从工作中获取成就感、自我认同感,甚至连领到薪酬时也很难让你感到快乐的时候,你可能真的要好好想想，是不是到了和这份工作"分手"的时候了。

当你真的身处在一个"有毒"的工作环境中时，"摆烂"是不会让你感到轻松的，它只会让你加倍地痛苦。对成年人来说，"工作"是除睡眠时间外占据你时间最多的一部分，一旦这个部分出了问题，你的生活也会跟着"出问题"。你的健康、你的情绪、你的收入水平、你的生活质量都有可能出现问题，这并不是说你觉得工作不重要，这些问题也能跟着一起变得"不重要"。

要么"找平衡"，要么"换工作"。你想如何用心经营自己的生活，就用同等的热情和耐心去经营自己的工作，你得先能幸福地工作，然后才能幸福地生活。

学会存钱，是你为自己留的最后一张底牌

能不能存得下钱，有没有能力合理支配存款，是衡量一个人是否成熟的重要标准之一。尤其是当你走出校园，进入职场，终于可以"自己赚钱自己花"的时候，你会很快意识到"会存钱"比"会花钱"重要得多。

大部分刚工作的年轻人是很难意识到"存钱"的重要性的，他

们是社会中的消费主力军，是最追求时尚、关注潮流的那群人。我刚工作的时候还和父母住在一起，没有房子、车子的压力，每个月领着几千块的固定工资，每天除了上班就是在琢磨这点工资怎么花。今天上直播间买个化妆品，明天刷购物网站下单几件便宜好看但质量一般的新衣服，周末约朋友逛街、看电影、买点吃吃喝喝，偶尔还会划几次信用卡，反正下个月的工资一定准时进账，不可能还不上。

现在回顾那几年的生活，实在是乏味极了。那时的我，一分钱存款都没有，但仔细想想，我好像也没买过什么很贵或者陪伴了我很久的东西。衣服首饰是没少买，但大多是"样子货"，想找一件舒服有质感的衣服穿出门还要在衣柜里翻个半天。没有存款似乎和我当时收入不算高有关系，但仔细算算，一年总收入怎么也有十万块钱，不租房又不买房、每天坐公交车出门的我到底把钱都花在哪儿了呢？

我们追求美，为了愉悦自己而消费这件事本身没有问题，但比"愉悦自己"更重要的是"保护自己"。在保护自己、规避未来可能出现的诸多风险的各种方法中，最有力、最有效的就是"存钱"。"存款"是一个人安全感的重要来源，甚至有时候比爱情更能让你感到幸福而安稳。很多人寻找伴侣的重要原因之一就是想找一个相互扶持、共同抵御人生中各种未知风险的人。但如果有一天你突然发现，你可以不依赖任何，随时救自己于"水火"，即便突然没有了收入来源，你也有能力让自己的生活水平不受影响，有让自己重新开始的底气和实力时；你发现你不仅可以保护自己，还可以保护家人，可以在家人需要帮助的时候随时拿出一笔钱，帮助他们应对人生中一切的沟沟坎坎时；你发现只要你愿意，你随时可以回馈那些帮助过你的人，甚至去帮助那些你想帮助的人时……到了那一天你就会发现，有一份"存款"有时远比拥有一位"爱人"要让你踏实得多。

并不是说只有收入很高才能存得下钱，"存钱"是一种"思维模式"和"理财习惯"。如果你月收入五千块的时候攒不下钱，那么你月收入一万的时候也很难攒得下存款。存钱更像是一种本能的"自我保护意识"，是你能在没有压力的时候预想到未来可能会出现的压力，是你在很安全的时候能意识到未来可能会面对的伤害，然后为了减小压力、免受伤害而努力为自己做些什么。

你不需要有很多存款，但一定要有存款。当你握在手里的存款越来越多时，你就会发现，其实"存钱"为你带来的快感不比"花钱"少半分。

新型情绪疗法：多拍照

不管你是男孩子还是女孩子，我都鼓励大家多多拍照。这跟是否自恋、长得好不好看没有关系，我一直觉得，"拍照"这件事本身是有很强的"治愈力"的。

相信我，把自己收拾得整整齐齐，打扮得漂漂亮亮，然后用相机把自己美好的样子记录下来，真的可以在不知不觉中提升自信力，生活状态也会越来越好。这就像是某种"心理暗示"，当你看到照片中自己精神饱满的样子，看着自己开心灿烂的笑容、轻松自如的动作时，你就会在心里默认自己原本就是这个样子的，真正的你就是阳光又积极的，是美好的，更是快乐的。

我们很难用"看别人"的眼光去看自己，这就导致我们很容易放大他人的闪光点，却过度关注自己生活中的痛苦。殊不知，在那些不了解我们的痛苦的人眼中，我们也是光鲜亮丽的，是幸福而完满的。用相机记录下我们自己的美好瞬间，其实就是通过照片站在他人的角度去看，去体察自己，去发觉原来自己也有闪闪发光的一面，也许我也正在被别人羡慕着。

勇敢地去自拍，大大方方地让身边的人帮你拍下一张好看的照片吧。因为总有一天你会发现，能在黑暗中拯救你、治愈你的不是别人，而是那个照片里笑容灿烂、自由洒脱的你自己。

你是可以虚度光阴的

你有没有"休息羞耻症"？

就是只要你一整天什么都没做，既没有工作也没有学习、没有做家务，只是无所事事地度过了一天，晚上躺在床上就会有一种巨大的罪恶感，这种感受让你焦虑，让你陷入自我怀疑、自我否定的循环。

好像我们从小就是不被允许"休息"的。小学刚毕业，爸妈就和亲戚借来了初中的教材，要我提前熟悉、提前学习，为初中开学做准备；中考结束还要看高中的教材，要我提早适应高强度的学习压力和节奏；高考完，大家都扎堆考驾照，争分夺秒地推进人生计划，加快人生进程；大学还没毕业，大家就考上了研究生，进了理想的单位，到了大四还没确定毕业后做什么的同学似乎和"无业游民"已经没什么区别……

我们都怕"落后"，都怕"被比下去"，但这个"比较"的标准是什么呢？什么才算"落后"，什么又才算"领先"呢？我见过有人大学早早就保了研，可是研究生毕业三年了还没找到让自己满意的工作；我见过有人到了三十岁才利用婚假去考驾照，考上之后继续每天坐地铁上下班；我见过有人从小爱玩、不好好学习，高中都没毕业就出去"闯荡社会"，刚好碰上自媒体红利期做网红赚得盆满钵满；我见过有的人高三一整年蓬头垢面只为了节省时间多做题，争排名，考上了重点大学，却在大二那年患上抑郁症，休学回家后再没有音讯。

如果一定要有一个标准去衡量一个人是"领先"还是"落后"，那我觉得那个标准只能是"你是否对现在的自己感到满意"。只要你开心，无所事事地躺着看了一天的肥皂剧都可以是有价值又让你难忘的一天；如果你很痛苦，再好的工作、再高的学历也只能用来在别人面前"装点门面"罢了，无法让你获得任何的成就感和自我认同感。

你要先善待自己，允许自己"虚度光阴"，才有能从光阴中获得幸福的能力。

如何在职场中"祛魅"

几乎每个刚入职场的新人都会多多少少有点"讨好型人格"，尤其是面对形形色色的领导时。和那些看起来经验丰富，讲起什么都头头是道的前辈相处，似乎只有表现得足够毕恭毕敬、逆来顺受，才能被环境接受和认可。

但工作一段时间你就会发现,你的"讨好型人格"对做好工作本身来说没有任何用处,反而会让你在日常的工作交流中处于劣势。总有一天你会认识到,其实那些看起来比你懂得多的"前辈"们,工作能力不一定比你强多少。当你认真工作一段时间后就会发现,那些"经验"不过是稍加学习就可以掌握的东西。你会渐渐明白,任何一家单位、一家公司的晋升机制都是复杂又充满巧合的,不是职位更高的人人品一定更好、工作能力更强、理论基础更扎实,你的"领导"是否值得你去跟随、去学习、去信任是需要你自己去判断、去辨识的。你会明白,其实"名头"再大的领导也不过是单位里众多岗位中的一个,每个人都只是在自己的岗位上做好自己该做的事、承担自己应该承担的责任。明天如果你有更好的选择,离开了这家单位,他不过是芸芸众生里一个与你擦肩而过的人罢了。

不管你得到了一份怎样的工作,都永远不要在职场中"讨好"任何人。你必须坚信因为自己有价值、有能力,才会坐在这个工位上。不需要通过讨好任何人来获得认可和提升,只要你的价值还在,能力还在,就永远不会走"下坡路"。

想成功，就不能太"看得上"别人

你有没有这样的经历？当你准备考研、求职并且已经选好理想的学校或岗位的时候，总会有人会劝你换一个"更容易"的目标。你总能听到许多"失败案例"，总能看到很多关于考试的难度有多高、录取的比例有多低、有多少人拼尽全力也没能如愿以偿的信息。你相信概率，也不认为自己有多么特殊、多么天赋异禀，于是你放弃了、后退了。

我也有过这样的经历。我一直是个"求稳"的人，不想接受失败和失望，所以不愿意尝试任何没有把握赢的事情。但幸运的是，大学毕业那年我被父母逼着，在自我怀疑和否定中硬着头皮去参加了那次我自以为不会成功，所以干脆没有好好准备的招聘考试。结果我不仅考上了，而且笔试和面试的总成绩是全场第一。

有了那次"误打误撞"的成功经验，我突然开始反思，会不会那些我以为自己不会赢的机会，其实都没有我想象中那么难呢？会不会那些劝我放弃，告诉我那些考试有多难，那些目标有多不现实的人压根就不如我呢？会不会我就是比一般人厉害呢？

想要做成一件事，完成一个不是所有人都能完成的目标，就一定要有点"我本来就比别人强"的"优越感"。我们要相信,他人的失败与你无关,你和别人不同,或许你就是那个"天选之子"。带着这样的自信或者说是自负,你才有勇气去尝试你从未尝试过的挑战,去探索你从来没见过的世界,你才有可能拥有自己梦想中的人生,才有机会证明这件事对你来说到底难不难。

当然,我知道不是所有人都会在挑战之后获得成功,也不是只要你去尝试了就次次都能成功,但"有没有成功"从来都不是衡量一个人的努力有没有价值,衡量一件事值不值得去做的唯一标准。

最重要的,是"别人不敢",而你"敢",这就是你比其他人优秀的地方。

被孤立真的不算什么

很多人在学生时代都有"被孤立"的经历。同一个宿舍的舍友私下建了一个没有你的群聊;本来玩得很好几个朋友从某一天开始出去玩不再叫你;原本很信任的朋友被你发现在背后悄悄和别人说你的坏话……对一个涉世未深、没有多少人际交往经验的孩子来说,这几件事随便拿出来一件都是足以让他痛苦难堪的体验。但我以一个

"过来人"的身份告诉你，人际关系，尤其是学生时代的人际关系，比你想象中要"不重要"得多。

我是一个在学生时代几乎没有任何"闺密"或者"好朋友"的人，上下学的路上我从来不结伴而行，一直独来独往，且我并不觉得这样很"尴尬"、很"孤单"。上实验课时我可以和同组的同学友好地交流合作，业余时间我也会主动向成绩好的同学请教问题，但我从来不为了"有人能陪我玩""不让自己显得那么不合群"而交朋友，我甚至觉得自己并不那么需要"朋友"，我只想把自己全部的时间和精力放在学习和提升自我上。

现在再回头看，其实当初班级里那些手挽手的"好朋友"到了今天还能保持联系的真的少之又少。大多数人都只能为你提供阶段性的陪伴，只有那些能真正欣赏你、能和你同频的人才能和你一起走很远很远的路，而我好像也并没有因为学生时代的"零社交"而失去什么。毕业后才发现，有些原先走得不怎么近的同学，当你们后来某一天在机缘巧合下重逢，反而能相谈甚欢，发现彼此这几年有这么多共同的经历，有聊不完的话题。

我们都希望能交到知心的好朋友，但好的朋友和好的恋人一样，是可遇而不可求的。当你身边没有这样一个人的时候，你要做的不是去抱怨、自我怀疑，也不必"掘地三尺"非要找出这样一个人。

你要相信，当你在进步、在变好、在向前走的时候，那个能和你同频的人也和你一样，你们或许没有比肩同行，但总有一天会在顶峰相见。

不要低估任何精神疾病的杀伤力

不知道你们有没有发现，随着人们生活压力的变化，"精神疾病"好像离我们的生活越来越近了。

除了最常见的抑郁症、焦虑症，还有双向情感障碍、精神分裂等等精神疾病开始越来越频繁地出现在我们的视野里。而且这类疾病往往有很强的"隐蔽性"，正常的社交距离是察觉不出什么的，在谈恋爱初期也不容易被察觉，但只要恋爱的时间越来越久、两个人的交往越来越深入，这些问题和风险就会以猛烈的态势向你席卷而来。

前阵子就有一位朋友和我说，他的女朋友向他坦白自己有抑郁症，并亲口对他说："我还有很可怕的样子你没有见过。"然后提了分手。他很迷惑，为什么那个在他眼中优秀、能干、工作能力强、闪闪发光的女孩子会说自己"很可怕"。他更不明白的是，明明前一天见面的时候还相处得很开心,今天就分手了。他不知道自己做错了什么,也不知道自己要不要去挽回。他不相信对方真的有抑郁症,总觉得她只是这段时间工作量太大了或者是因为今天心情不好才会这样。

他希望我能给他一些建议,而我给出的建议是:永远不要"小看"任何程度、任何形式的精神类疾病。如果你遇到了患有精神疾病的恋人,无论你发现真相时你们已经交往了多久、感情有多深,一定要记着,爱他和为了保护自己而离开他之间并不冲突。

尤其是当你的恋人主动向你坦白自己患有这类疾病时,说明他已经察觉到自己的状态出现问题了。他知道自己随时可能会伤害到你,也伤害到自己。所以,不要觉得他是在"考验"你的真诚,因为考验一个人的方式有很多种,但没有人会拿"精神疾病"来开玩笑。也不要觉得你可以陪伴他、帮助他、治愈他,专业的精神科医生和心理咨询师花上好几年的时间也未必能帮到他,况且大多数这类疾病只能减少发病次数,不能彻底痊愈。

精神类疾病和其他疾病不一样,不是你愿意照顾他、陪伴他,这段感情就能继续经营得下去。很多精神类疾病是会真真切切地伤害到自己和家人的,不光是伤害感情,也会伤害到身体,毫不夸张地说,甚至会威胁到生命。他们是没有能力为自己的行为负责的,因为他们是"病人",是弱势和需要被特殊照顾的一方,但你不是。你可以去完成自己对爱情的伟大幻想,但这个前提必须是保护好自己的安全。

如果你爱上了一个患有精神疾病或者神经症的人,你可以关心他,在他状态好的时候陪伴他,但不要试图强求和一个精神世界并不健康的人建立一段健康的恋爱,更不要盲目自信地想去拯救他,感化他。

人要先有能力让自己感到幸福和安全才有能力去爱另外一个人,他是这样,你也一样。

优先解决需求,延迟满足欲望

你必须要学会"延迟满足"自己的一部分欲望,因为"延迟满足"有时才是爱自己的最高级的形式。

如果你现在正在准备一场对你来说很重要的考试,在此期间,你偶然结识了一个让你非常心动的异性,你们见面时相谈甚欢,彼此都颇有好感,你很想和他表白,不愿意错过他,但是又担心自己会因此受到影响,到最后一无所获……那这样的情况下,你会怎么选?

我的建议是——告诉他你要专心备考,等考试结束后再去联系他。延迟满足你的欲望，优先解决你的需求。"准备考试"是你个人发展的"需求"，而"和他谈恋爱"只是你的"欲望"。"需求"关乎生存问题，而"欲望"只为让你快乐而存在。

"延迟满足"不等于"不满足"，这只是我们为了"个人幸福最大化"所做的"事件优先级重组"。真正适合你的人不会因为你在考试前"沉寂"了几个月就离你而去，他反而会因为你的专注力和事业心更加欣赏你、信任你。如果你在考试结束后发现他已经和别人在一起了，或者他拒绝了你，那么相信我，即便你当初牺牲了学习时间和他谈恋爱，那这段感情大概率也维持不了多久，你有很大的可能会职场情场"两头空"。因为这说明他当初并没有看到你身上的价值，也不关心你的成功和成长，他只是希望有个人能陪伴自己、为自己提供情绪价值、让自己快乐，而"快乐"从来都不是生活的全部。

其实任何"欲望"都需要适当地"延迟满足"，才能证明它是否真的必要，是真的值得。"延迟"的背后，是充分的理性思考，是强大的自制力，也是我们都应该具备的爱自己的能力。